地域规划理论与实践丛书

积 极 保 护
——基于问题导向的济南老城保护与更新

王新文　等著

中国建筑工业出版社

图书在版编目（CIP）数据

积极保护——基于问题导向的济南老城保护与更新／
王新文等著．—北京：中国建筑工业出版社，2014.8
（地域规划理论与实践丛书）
ISBN 978-7-112-17063-0

Ⅰ.①积…　Ⅱ.①王…　Ⅲ.①古城－保护－研究－济南
市　Ⅳ.①TU984.252.1

中国版本图书馆CIP数据核字（2014）第150325号

责任编辑：焦　扬
责任校对：张　颖　陈晶晶

地域规划理论与实践丛书

积 极 保 护

——基于问题导向的济南老城保护与更新

王新文　等著

*

中国建筑工业出版社出版、发行(北京西郊百万庄)

各地新华书店、建筑书店经销

北 京 嘉 泰 利 德 公 司 制 版

北京方嘉彩色印刷有限责任公司印刷

*

开本:787×1092毫米　1/16　印张:8¾　字数:170千字
2014年12月第一版　　2014年12月第一次印刷
定价:65.00元
ISBN 978-7-112-17063-0
　　　　(25232)

地域规划

理论与实践

丛书

吴良镛署

审时度势
因势利导
随地制宜
意匠独运

吴良镛
题于北京
二〇〇三年□月□日

跋 涉
（代序）

"让人们有尊严地活着"，"诗意地栖居在大地上"，这是规划人的梦想。为了圆梦，规划人跋涉在追求梦想的山路上……

城市让生活更美好。亚里士多德曾说："人们为了生活来到城市，为了生活得更好留在城市。"三十多年前，国人梦想着自己能生活在城市。今天，超过一半的国人生活在城市中。沧海桑田、世事变迁，这是一个"创造城市、书写历史"的伟大时代。

作为一名规划人，期望能在这历史洪流中腾起一朵思辨与行动的浪花，为这个时代和唱。十年弹指一挥间，我们在理想与现实、道德与责任、理论与实践、历史与未来之间，不断思考规划的价值与理想，不断探索规划的真理和规律，不断追求理论与实践的统一。"跋涉"，或许最真切地表达了共同经历着这场变革的规划人的心路历程。

"漫漫三千里，迢迢远行客。"跋涉虽艰，我们却心怀梦想。

理想与现实

有人慨叹，规划人都是理想主义者。诚然，现代城市规划自诞生之日起，就有与生俱来的理想主义基因。霍华德的"田园城市"、欧文的"协和村"、傅里叶的"法郎吉"，都受到其时空想社会主义等改革思潮的影响，充满了"乌托邦"式的理想主义色彩。霍华德说，"将此提升到至今为止所梦寐以求的、更崇高的理想境界"，道破一代又一代规划人的纯真和烂漫、理想与追求。

其实，规划人远不是空有理想和抱负那么简单。如吴良镛先生在《人居环境科学导论》中所说，规划乃"理想主义与现实主义相结合"，规划者应成为沟通理想与现实的桥梁，不仅可以勾勒出理想的山水城之愿景，更要学会寻觅实现蓝图之途径。这注定不是一条坦途，但我们必须清醒回答的首要问题是：为谁规划？如何规划？

要"为民规划"。坚持"唯民、唯真、唯实"的价值取向，倡导"科学、人文、依法"的核心理念，践行"公开、公平、公正"的基本原则……在跋涉中我们感悟：规划人要有自己的价值观和行为准则，解决好"为谁规划"的问题，既是价值取向，也是现实智慧，它能使规划者最终远离碌碌平庸的工匠角色，成为有良知与正义的社会利益沟通者和平衡者。

要"务实规划"。以实践为标准，再好的规划不能实施都是"空中楼阁"，一切从实际出发，既要努力提升规划的科学性，也要致力于增强规划的实施性。规划人应抱有科学务实的现实态度，懂得分辨哪些是要始终追寻的理想，哪些是必须正视的现实。只有规划能落到地上，规划工作才具备为公众谋取更大利益和话语权的现实意义。

道德与责任

有人戏言，规划是"向权力讲述真理"。的确，在一个方方面面都对规划给予厚望的时代，规划者似乎背负了太多的抱负和责任。伴随这种抱负和责任而来的还有多元化的利益的诉求，规划人小心翼翼地蹒跚在利益的平衡木上，这种格局时刻考问着我们的品性和道德。什么该做、什么不该做、该如何做？回答好这样的问题实属不易，解决好这样的问题更是难上加难，既需要坚守道德与责任，也需要胸纳智慧与勇气。

规划人要有底线思维。不能触碰的是刚性，要敢于向压力说"不"，在规划的"大是大非"上如不能坚持原则，最后损害的是公共利益、城市整体利益、社会长远利益。

在跋涉的历程中，难免会遇到各种各样的困难与挫折。没有韧性与执着，自然无法邂逅"柳暗花明"后的豁然。政治、经济、社会、生态等外部环境在不断变化，诸多的问题和矛盾需要解决，不能指望毕其功于一役，规划人须具有"上下而求索"的品质和操守，"功成不必在我"的胸襟和气度。

规划人要有理性思维。理性地看待规划，理性地看待自己和自己所处的环境，不唯书、不唯上、只唯实，对民众、对法律、对城市心存敬畏，有所为有所不为。既要不遗余力地维护公共利益，也要尊重个体合理诉求，同时更不能被个别利益群体所"绑架"。

规划人要有责任担当。责任与道德相伴而生，是一种职责、一种使命、一种义务，规划人与不同岗位、不同群体的人一样肩负着对社会的责任，这种对市民与城市的承诺决定了必须砥砺前行、攻坚克难。在通往规划人的"理想之城"这条曲折与荆棘之路上义无反顾、奋力向前。

理论与实践

或许有人质疑，规划不过是"墙上挂挂"的"一纸空谈"，对规划人也存"重思辨而轻实施"的成见。但今天的现代城市规划工作，早已渐远了"镜里看花"式的理论倾向，摆脱了闪烁着"阶段性智慧创作火花"的艺术家情结。因为，许多看似经典甚至完美的学说不一定能得到现实利益群体的共鸣，也不一定能解决城市发展中的"疑难杂症"。"学院派"的范儿，只会曲高和寡，而在具体事务上又步履维艰。

规划是一门实践性的综合科学。从规划实施理论到行动规划理论，从规划政治性理论到沟通规划理论，从全球城市体系理论到可持续发展视角下的精明增长、新城市主义、紧凑城市理论，无一不是在城市发展进程中反思、实践，再反思、再实践的知行统一，这一辩证的认识与实践过程循环往复，生生不息。

"真正影响城市规划的是最深刻的政治和经济的变革"。不同的社会制度和政治背景、经济模式、发展阶段以及文化差异，必然造成规划工作范畴、地位和职责上的差异，规划需要鼓励地域性的理论实践与创新，不能墨守成规，也不能"照猫画虎"。对于规划而言，"管用"是硬道理，理论的普适性只有和城市地域化的个性和实践相互校验才有意义。

这个时代是变迁的时代、转型的时代、碰撞的时代。在这样的时代，需要把握规律的理论指导责任，需要远见的规划实践。必须认知前沿理论，把握发展方向，把问题导向作为一切规划探索和创新的出发点。为此，结合对一个世纪以来规划理论发展脉络梳理和济南规划实践的探索，我们尝试提出了"复合规划"的理念构想。所有这些并不是奢望在理论探索上标新立异，而是希望以此寻求源自实践的规划理论，并更好地应用于规划实践，藉此解决发展的现实矛盾和问题。

历史与未来

有人怀念，说"城市是靠记忆而存在"。是的，"今天的城市是从昨天过来的，明天的城市是我们的未来"，城市本身就是一个生命体，它不断新陈代谢，不断吐故纳新，不断结构调整，不断空间优化，自身得以保持旺盛持久的生命力。从原始聚落到村镇、从初始城市到多功能复合城市、从独立的城市到复杂的城市群，螺旋上升的过程中城市发展的规律与脉络清晰可循。规划是历史和未来的接力，既不能违背客观规律，也不能超越特定阶段，否则必将劳民伤财，自酿苦果，给城市发展造成不可逆转的损失。

翻阅中国当代城市史，我们也曾机械地沿用苏联模式，但面对市场经济的冲击，却发现"同心圆"、"摊大饼"式的空间扩张模式是如此一厢情愿和不堪重负。当尼格尔·泰勒、简·雅各布斯的著作为我们开启了一扇了解西方规划理论的窗口，中国规划师和规划管理者学习借鉴的目标不再拘囿于社会体制的限制，转向西方探求"洋为中用"的扬弃之道。实践之后，我们更加强烈意识到任何规划理论都要立足国情和地域，这也许意味着中国的城市规划已经开始走向理性与成熟。

这些年，规划从见物不见人到以人为本，从机械单一到综合复杂，从一元主导到多元融合，从关注"计划"的落实和空间布局艺术到关注全面协调可持续发展，我们切身体会到了什么是"人的城市"。山水城市、广义建筑学、人居环境科学等理论先后出现，意义重大、影响深远，具备了发展具有中国特色、地域特征、时代特点的本土规划理论的基础和条件。在此借用吴良镛先生的箴言，"通古今之变，识事理之常，谋创新之道"以共勉。未来的规划工作应立足地域市情，结合城市发展的阶段性特征，把握规律、顺势而为，潜心思考新形势下规划的地位、作用和功能，把重心放在引领发展、解决问题、化解矛盾、增进和谐上，积极探索具有时代特色、地域特色的规划实践之道。

"衣带渐宽终不悔，为伊消得人憔悴。"规划探索永无止境。愿我们十年来的所为、所思、所悟，能够为大家提供一点借鉴。

作者于济南

2013 年 12 月 1 日

前　言

长期以来，社会各界对历史文化名城保护这一问题热议不断，却一直"仁者见仁、智者见智"。最具代表性的"单纯强调保护"和"片面追求发展"两种极端思想不断交锋，其背后折射出理想与现实的冲突、矛盾与利益的博弈。如何以今人的视角审视历史、思考未来，如何以今人的行动把先人的遗产演化为后人的财富？这是城市转型发展时期规划工作者必须思考的问题。

本书作者以既有问题为导向，以地域规划实践为示例，系统阐述了"积极保护"的规划理念，鲜明提出"该守的守住、该放的放开"和统筹保护、原真保护、整体保护、重点保护、有机保护、特色保护等观点，旨在解决老城保护与城市发展之间的矛盾，探索历史文化名城保护的"第三条道路"。

本书首先归纳总结了济南老城的历史演变进程、现势情况，介绍了国内外老城保护理论发展脉络和实践经验，阐发了部分实践案例的收获启示。继而，通过回顾和反思历年来济南名城保护的规划与实践，总结和评估存在的问题，就"积极保护"的缘起、内涵与策略进行了详细解读。最后，结合《泉城特色标志区规划》、《百花洲片区规划》、《济南商埠风貌区规划》、《府学文庙保护规划》等案例，对"积极保护"的应用情况进行了介绍。

"积极保护"是作者本着"求真务实"的态度，为解决实际问题提出的一种规划理念，体现了"执其两端而取其中"的哲学思想，试图努力平衡理想与现实、保护与发展、刚性与弹性的关系。其中统筹保护与发展、体现历史延续和变迁的原真性、整体保护老城格局及其所依存的自然环境、重点保护特色突出和易于实施的片区、化整为零和分期实施的有机保护、挖掘核心内涵的特色保护等核心策略体系，具有较强的创新性和可操作性。

"积极保护"是在当前城市发展阶段、基于地域实践形成的理念，在时间和空间维度上难免存在局限性，在价值取向上也可能存在争议。然而，在现实情境中探索"保护与更新"的"中庸"、"可行"之路已刻不容缓，相信本书面世能够为做好相关工作提供有益借鉴。

目　录

第五章　策略：济南老城保护的创新——积极保护

第六章　实践：积极保护的应用

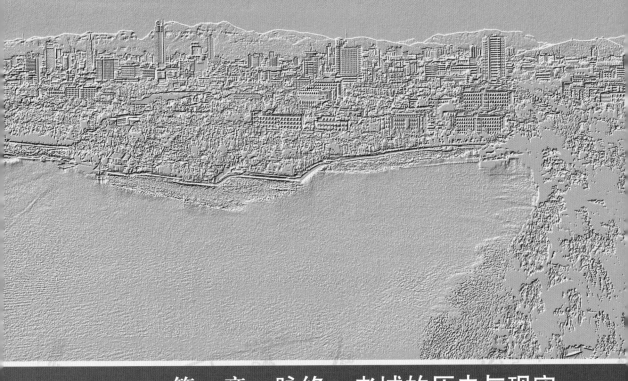

第一章　脉络：老城的历史与现实

　　济南，历史源远流长，文化底蕴深厚，承载着 4600 多年的文明史和 2600 多年的建城史，留有众多的名胜古迹。从春秋时期齐国设"历下城"开始，经历泺、历下、历城、济南（郡、府、路、道、市）等变化，历"郡治—府治—省府"，文化积淀丰厚，在中外历史上影响深远，是 1986 年 12 月国务院公布的国家历史文化名城。其历史悠久、文物古迹类别较齐全且成系统，尤以"泉水"最为突出。

第一节 济南的历史与特征

在遥远的古代，济水自中原流来，经过今济南市北部，滚滚东去，直奔大海。济南因地处古济水（其故道今为黄河所据）南岸而得名。春秋时期，齐国在今济南设"历下城"，这就是济南城市发展的起源，距今已有2600多年的历史。

一、悠久灿烂的建城历史

秦汉时期，设立"济南郡"，治所在东平陵（今胶济铁路平陵城车站附近），是经济文化发达地区。西晋永嘉末年（公元313年前后），济南郡的郡治由平陵（汉代以后东平陵又恢复旧称平陵）移至历城（即现今济南老城之东部一带），并将原历城县城垣扩大。从此，历城（济南）一直作为济南郡治所在地，是山东地区的封建统治中心。

唐朝开国后，济南称齐州，隶属于河南道。唐宋金元时期，济南地区经济繁荣、社会富庶安定，此时，济南南部山区为佛教圣地，北部地区诸泉汇集成湖，"南山北湖"的城市格局初步形成。

明朝时济南府事权职能进一步增大，地位更显重要，成为山东全省的政治、经济、文化中心。明洪武四年（1371年）开始新建府城，北依明湖，南屏群峰，城内诸泉环绕，城外围以护城河，城防设施坚固，济南古城格局形成（图1-1）。随着城市政治地位的提高，各级官署相继迁入，城内官署、民居交集错置，用地紧张。清代末期，城市开始越过城墙发展，西郊、南郊等地迅速城市化（图1-2）。

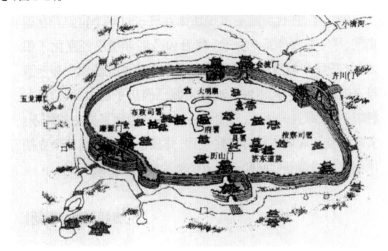

图1-1 明清济南古城图

图1-2 清末济南古城图

二、独具特色的生态风貌

济南地处鲁中低山丘陵与华北冲积平原的交接地带，地势南高北低，山、湖遥遥相望。南部是恢廓苍翠的自然山体，中部名泉荟萃、湖光山色，北部是蜿蜒曲折的黄河以及鹊山、华山等众多平地凸起的山体。山、泉、湖、河、城有机结合，浑然一体。

山、河相依的城市地理形态和泉、城共生的城市空间特色，与济南几千年的文化内涵相互融合，形成了独特的城市风貌和空间特色。

三、丰厚博积的遗产景观

目前，济南拥有国家级重点文物保护单位12处，包括四门塔、城子崖遗址、灵岩寺、齐长城遗址等；省级文物保护单位57处；省级历史优秀建筑57处；市级文物保护单位87处；区、县级文物保护单位295处；区、县级依法登记保护的文物328处；普查登记在册文物1000余处。

济南的历史文化街区共有5处，分别是：芙蓉街—百花洲历史文化街区、将军庙历史文化街区、山东大学西校区（原齐鲁大学）历史文化街区、洪家楼历史文化街区和朱家峪历史文化街区。

济南名胜古迹众多，三大名胜（大明湖、趵突泉、千佛山）、四大泉群（趵突泉、五龙潭、珍珠泉、黑虎泉）（图1-3~图1-6）、八大景观（明湖泛舟、汇波晚照、鹊华烟雨、锦屏春晓、趵突腾空、白云雪霁、佛山赏菊、历下秋风）构成了济南文化景观资源最重要的部分。宋代诗人黄庭坚在诗中称赞道："济南潇洒似江南"。更有辛弃疾的千古名篇中的一句"斜阳草树，

图 1-3　趵突泉

图 1-4　五龙潭

图 1-5　珍珠泉

图 1-6　黑虎泉突

寻常巷陌，人道寄奴曾住"引发了人们对济南历史渊源的探询和对英雄人物的缅怀。元代书画家赵孟頫所绘的"思乡之画"——《鹊华秋色图》，表达了远离故土的人士对家乡的怀念。这看似平常的泉溪、街巷却往往有着不凡的历史渊源。极富文化气息的泉水、街巷命名，描绘泉城美景的诗篇辞章，充满浪漫色彩的传说掌故，堪称国宝的文物为泉城特色增添了无穷的意味。

四、"泉水聚落"的稀缺环境

济南南部山区独特的地质构造，使得济南自古以来就以泉水丰沛而闻名于世，市辖区范围内有泉水 645 处。济南由于拥有趵突泉、黑虎泉、珍珠泉、五龙潭四大泉群和风景优美的大明湖的独特泉水景观资源而以"泉城"著称。泉水伴随着城市聚落文明一起走来，从战国时期的历下城开始，自晋以来长期为郡、州、路、府乃至省会之治所。城市聚落形态与天然的泉水分布有机结合，溢流水系或环城而行，或串流于小巷与民居之中，家家泉水，户户垂杨，聚落形态与泉水空间浑然天成，构成了我国最大规模的泉水聚落和风光独特的泉城景观，这在世界城市中也是罕见的。

除济南古城与泉水交融一体外，另有百脉泉泉群、洪范池泉群以及白泉泉群、涌泉泉群、玉河泉泉群、袈裟泉泉群等六大泉群分布在城市郊县的市、镇、乡村的聚落环境之中，成为我国北方不同规模和性质的泉水聚落之典型大观。现在这种独特的地质现象和长期延续发展的人居环境形态已经正式列入《中国国家自然与文化双遗产预备名录》，成为我国第一个以泉水为主题的世界自然与文化双遗产的"申遗"项目。

第二节　济南的城市形态

所谓城市形态，就其本质而言不仅仅是指城市各组成部分，诸如建筑物、开放空间、街道、街坊等物质要素平面和立面的形式、风格、布局等有形的表现，也不只是指城市用地在空间上呈现的几何形状，更有着深刻而丰富的内涵。城市形态是一种复杂的经济、文化现象和社会过程，是在特定的地理环境和一定的历史发展时期，人类各种活动与自然因素相互作用的综合结果，是人们经由对城市这一整体的认识和感知所形成的总体意象。

济南从其发展的特征来看，可以分为古代、近代和现代三个时期，这三个时期也可以称为城市空间形态演进的三个历史阶段。

一、古代城市形态演进及其特征——封闭性"城堡"

早在春秋时期，济南就成为齐国西部的边陲重镇。济南古城发源于今护城河内西南角，城垣的形成经历了历下古城堡、秦汉历城县城、魏晋南北朝"双子城"、齐州州城（母子城）和济南府城的演变过程。最初历下古城东西五百步，南北六百步，略成正方形，面积约 30 公顷；北魏时期，州城围绕历下古城东、西、北三面，并自古城向东扩大了城垣，用地规模约 1 平方公里；济南府城池的建立在宋徽宗（1101~1125 年）以后，几经修整与扩建，城市已具有一定规模（图 1-7）。明朝，济南古城进入盛期，洪武四年（1371 年），开始以砖石修筑城垣，城周 12 里 48 丈，受地形因素制约，城垣略成方形，城开四门，东、西、南三门皆有瓮城，设重关。至此，济南古城城市形态基本定型。清咸丰年间（约 1861 年），为防捻军，在府城外修筑土圩，同治年间又改筑成石圩，城区轮廓大致成菱形，商业中心由城内东南关移至城外西关。

1840 年鸦片战争后，帝国主义势力入侵，济南和中国内地广大城市一样，开始出现西方殖民主义文化渗透的迹象——在城内将军庙一带形成了西式教堂、医院、慈善堂为主的教区建筑群；同时，清末洋务运动兴起，陆续建立了新城机械局等近代军火工业和高等学堂等近代文化设施。这一时期（1904 年前）的社会经济结构尚无较大变化，整个城市总体上还保持着较为完整的封建城市面貌，是一个封闭性的"城堡"（图 1-8）。

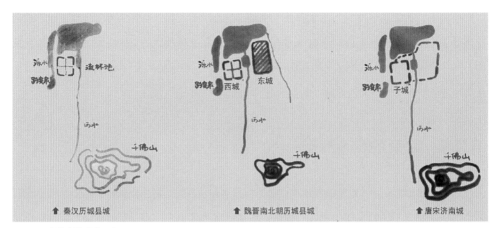

图1-7　济南古城演变示意图

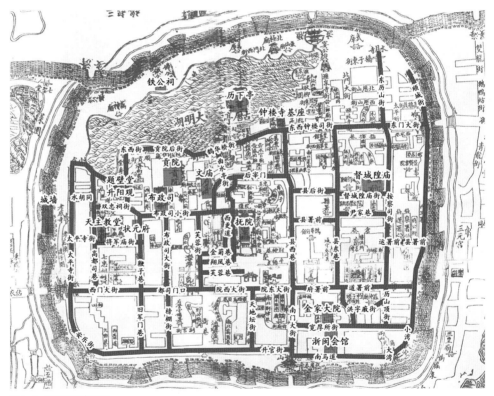

图1-8　明清济南古城图

二、近代城市形态演进及其特征——开放的"双核"城市

1904年，德国修筑的胶济铁路修至济南并全线通车，使济南处于陆路、河路的枢纽位置，因此利用铁路交通的新优势，抓住机遇振兴民族实业的"自开商埠"便应运而生。1904年5

月 15 日（清光绪三十年四月初一日），清廷批准济南开辟商埠，并将潍县、周村一并开作商埠，作为济南分关。1906 年 1 月 1 日举行了开埠典礼。

开埠之初，济南商埠的范围是：东起十五殿（今纬一路北端原津浦铁路宾馆），西至南大槐树（今纬十二路以东），南沿长清大街（今经七路），北至胶济铁路，面积约 2 平方公里。1911 年，津浦铁路通车后，济南成为北至京津、南达沪宁、东连胶莱的交通枢纽，商埠区得到较快发展，开辟了西市场、大观园等综合性商场。之后，商埠区不断扩张，覆盖了东起普利门、西至纬十二路、北起火车站、南至经七路的近 4 平方公里的用地范围。至此，济南城市形成古城区和商埠区东西并立的带形布局形态。1938 年日本侵占济南后，从经七路至经十路开辟了"新市区"，又叫南商埠，面积近 1 平方公里，多为日本统治机关住宅区。

至 1948 年 9 月解放时，济南建成区面积已达 23 平方公里，人口 54 万。古城区和商埠区并重发展的城市空间格局稳定地保持下来，城市呈东西长、南北窄的"双核"带状形态（图 1–9）。

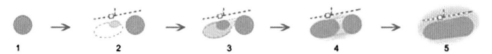

图 1-9 开埠后济南城市生长概念图

三、现代城市形态演进及其特征

（一）以"双核"为中心的蔓延扩展

新中国成立后，济南开始了以工业建设为主导的大规模城市开发，建成区不断向外围扩展。济南城市发展直接受国民经济发展和社会变革的影响，城市建设用地经历了平稳增长期、大起大落期、稳定压缩期和迅速增长期。由于受北面黄河、南部山体等自然条件的制约，城市的发展经历了以"双核"为中心向四周蔓延扩展，东西两翼轴向发展，独立组团跳出式发展等三个渐变发展阶段（图 1–10）。

《济南城市总体规划（1996 年 –2010 年）》修订时期，城市布局形态初步形成由集中主城区和王舍人、贤文、党家、大金四个相对独立的城市组团组成的"一城四团"的带状布局轮廓（图 1–11）。随着经济建设的快速发展，城市规模急剧扩大，城市用地基于原有的布局结构迅速外延，城市功能高度聚集，城市发展呈现组团间逐渐靠拢、连片发展的趋势（图 1–12）。

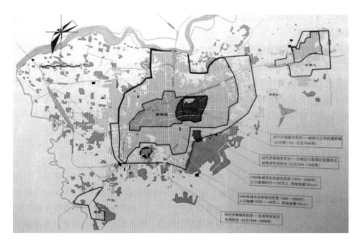

图 1-10　济南城市发展演变过程

图 1-11　1996 年版总规——"一城四团"城市布局结构

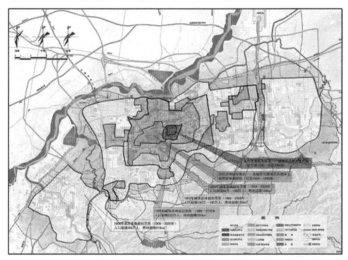

图 1-12　济南城市用地规模发展演变

（二）"带状分片组团"式城市格局

《济南市城市空间战略及新区发展研究》是济南市首次编制完成的空间战略规划，该项研究从分析宏观区域经济发展趋势、城市化进程入手，经过大量的现状调查和资料收集，对城市的发展现状、内外部发展条件的变化进行了深入分析研究，前瞻性地提出了济南"东拓、西进、南控、北跨、中优"的城市空间发展战略（图1-13）和"新区开发、老城提升、两翼展开、整体推进"的发展思路。确定了由大型生态隔离带分隔的"带状分片组团"式城市格局，标志着济南城市规划建设的理念和思路发生了深刻变革，城市发展战略和发展思路实现了历史性的重大突破。

（三）"一城两区"空间格局

以《济南市城市空间战略及新区发展研究》为基础，济南市于2006年启动了城市总体规划的修编工作。确定了中心城"一城两区"的空间结构。"一城"为主城区，"两区"为西部城区和东部城区。主城区为玉符河以东、绕城高速公路东环线以西、黄河与南部山体之间地区；西部城区为玉符河以西地区；东部城区为绕城高速公路东环线以东地区。主城区与西部城区、东部城区之间以绿色空间相隔离（图1-14）。

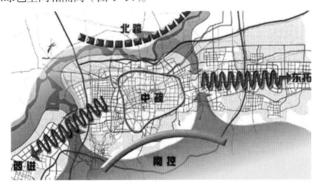

图1-13 济南城市空间发展战略

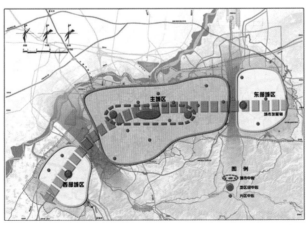

图1-14 "一城两区"空间格局

第三节　济南老城现状

位于二环路以内的老城区，是济南市商业、金融、旅游等现代服务业的中心，是济南文化与文脉的主要呈现地，是具有老济南城市风貌的特色区域。老城的两个重要组成部分——古城和商埠，代表着济南城市发展中两个重要的历史阶段。

一、古城区

济南的古城风貌独特，素有"四面荷花三面柳，一城山色半城湖"的美誉，是济南历史文化名城的历史基础，它以其整体的历史环境风貌体现着城市的历史文化价值，展示着济南的城市风貌特色。

从城市的变迁看，该地区是济南从商周到西晋时期（公元前1122年~公元313年）最早发展起来的城市的主要部分。在1904年济南商埠区建立以前，该地区一直是济南城市的中心地区。清末民初，这里的曲水亭街、布政司大街和布政司小街一带还设有旧书、古玩字画、金石碑帖等文化集市，《老残游记》对这里的社会文化生活有着生动的描写。

新中国成立后，随着社会、政治、经济和文化的变革，芙蓉街地区的传统商业功能逐渐衰退，一些机关单位进入该地区原有的重要地段。1950年以后开始出现街区工业，在"文化大革命"中，很多泉水枯竭填埋，环境质量受到破坏。长期以来由于国家住房制度的制约，住房投入很少，该地区的老住宅失修严重。进入20世纪80年代，人口的压力剧增，住房短缺，出现了一些居民和单位搭建的违章房屋，致使整个地区建筑环境质量下降。与此同时，在新的市场经济形势下，古城内的芙蓉街等又开始成为小规模街区经济的热点，为地区居民日常生活消费提供了主要场所。

近年来，随着古城改造、更新、保护力度的增加，城市面貌有了较高程度的改善，但是由于经济的快速增长、城市建设力度的逐年加强和在老城改造与新区建设认识上的分歧，济南的名城风貌了和古城格局已经或正在消失，并出现了诸多问题，具体表现在：

（1）古城历史街区遗存受到不同程度破坏。现有的历史及传统建筑、街巷、近现代代表性建筑等的总量，已有较大幅度的减少，不该拆的拆了，不该填的填了。一些有价值的历史建筑和传统街区受到不同程度的破坏，许多反映济南传统风貌的历史遗迹被逐步蚕食，古城风貌特色趋于弱化。

（2）居民生活居住条件急待改善。传统民居年久失修，地下给水排水设施年代久远，排水不畅等，落后的基础设施严重影响了居民的生活质量，成为发展的障碍。

（3）古城整体环境不断恶化。环城公园周边景观杂乱，护城河不能实行环游；大明湖、趵突泉等公园用地规模小，游客容量低；地下水位下降，泉群出现断流，很多泉池被填埋，古城泉脉受到阻淤。珍珠泉院内的个别建筑的尺度和功能与之不协调；府学文庙内的泮池污染、损坏严重。街巷水体空间中很多处水体急需治理。

古城内出现以上问题的原因大致可以总结为以下几点：

（1）历史性衰败。一般传统的历史性街区和城市老城区随着社会经济的发展，新区的大规模开发建设，都成了历史性衰败的地区。老城区衰退的现象在西方国家18、19世纪快速扩张工业城市时就已经出现。在第二次世界大战后，西方国家经历了急速的社会变革，通过大规模的制造业生产、资源型开发迅速完成工业化，给社会创造了丰富的财富。税收、公共服务和福利、居民生活水平的急速提升促使城市经济活动重心发生了转移。而城市地理位置的不可更改性，物质载体的不可移动性，不能快速适应产业结构的时空变化，这一切都是造成老城区衰退的原因。

（2）经济性衰败。按照"拓展城市发展空间、打造现代产业体系"的总体要求，济南着力打造以老城区、东部新城、西部新城区、滨河新区构成的"一城三区"的空间格局。伴随着济南老城区以外周边地区的快速发展，老城的古街区逐渐成为"死街区"，面临"荒废"的危险。现在的老城区内经济性衰退的问题日益凸现：传统企业和商业大量倒闭，失业率、人口数量剧增，大量人口外迁，低收入阶层和年龄偏大人群大量聚集，街区内运营效率降低，街区历史文化资源价值流失严重。

（3）结构性衰败。随着社会经济的发展，济南老城区内原有的街道尺寸、道路材料等都无法满足现代的交通需要，原有的基础设施远远不能满足历史文化街区保护和发展的需要；街区内的基础设施滞后也严重影响了居民的生活质量，无法满足居民日益提高的现代生活需要。老城区内的土地使用混乱、建筑结构老化简陋、住宅成套率低、抗灾性差（抗震、防火、防洪性差）、居住拥挤、功能设施不完善（缺少独立厨房和卫生间、无上下水、采光通风差、无集中供气供热）、通信、供水供电、金融邮电等基础设施不完备、缺乏休憩绿化设施、空地率和绿化率小、景观特色消退、建筑密度大、停车场和停车泊位少、河道污染严重、桥梁普遍都有破损、游人缺乏停留空间和安全感、难以停留观赏等等问题都亟待解决。

二、商埠区

商埠区自1904年开埠以来，一直作为济南繁华的商业区，随着计划经济体制的建立，商埠区的商业地位及影响逐渐衰落，商埠区逐渐成为以市民居住和工厂生产为主的城区。20世

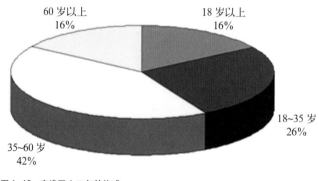

图 1-15 商埠区人口年龄构成

纪 80 年代以后，商埠区重新走向开放，建立了西市场小商品市场、工业品批发市场、济南市华联等，恢复了万紫巷商场，商埠区一度又呈现出繁荣趋势。

20 世纪 90 年代中后期，随着济南城市建设的飞速发展，城市的商业布局有所调整。泉城路、泉城广场周边等地大型现代商业迅速崛起，加上其交通优势和城市休闲绿地的综合带动，逐步成为济南最重要的商业区，而商埠区的城市功能总体日渐下降。商埠区人文环境及商业氛围退化，历史性空间环境遭到很大的破坏，即使近代建筑较为集中的经二路街道空间，也很难从目前的环境状况感受那个历史阶段带来的城市文明和城市文化。存在的问题主要表现在：

（1）人口密度高，人口结构老龄化严重。商埠区内涉及市中区 2 个街道办事处、槐荫区 4 个办事处，规划区内户籍人口约为 7.6 万人，人口密度为 290 人 / 公顷，人口密度很高，且已经出现明显的老龄化现象（图 1-15）。

（2）用地结构混杂。商埠区的现状用地以居住、公共设施为主，工业和仓储比例很低；道路广场用地偏大，占 20.7%；公共绿地严重缺乏，只有 2.3%。这种状况与商埠区小网格高密度街区格局的特点基本吻合，但绿地率过低的问题需要解决。

（3）居住质量较差。商埠区的居住用地全部被归为三类及以下，即市政设施比较齐全，环境一般。其中三类建筑占主要部分，其对应的配套设施基本合理。其中有 1/4 为四类住宅，基本都是历史建筑。多采用前店后宅或下商上住的混合模式（图 1-16、图 1-17）。近年来，随着旧城的开发改造，新建了一些高层塔式住宅。一方面大大改善了居住条件，另一方面也对传统风貌产生了消极影响。

（4）道路交通系统不适应现代交通需求。商埠区在历史上是典型的小网格道路体系，强调匀质交通，显著特点是路网密度高，

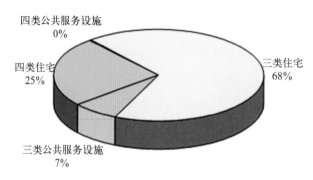

图 1-16 居住用地构成

道路宽度相对较窄，路边停车严重，交通通行能力较差。

（5）缺乏绿化与开敞空间。商埠区集中公共绿地人均仅为 0.96 平方米，大大低于国家标准，但街道绿化很好，很大程度上弥补了不足。虽然现状多数路段的人行道太窄，尚不足以形成良好的开放空间，但有进一步发掘利用的潜力。在一些人行道较宽的地方，就有不少居民活动（图 1-18、图 1-19）。

目前，商埠区内的公共绿地仅有中部偏东的中山公园和西南部的槐荫广场两处。中山公园始建于清光绪三十年（1904 年），当时称"商埠公园"。范围在经三路与经四路、纬四路与小纬六路之间，

图 1-17 三类居住建筑

占地面积共 8 公顷，在当时是国内各商埠中最早设立的公园之一。今天公园周围被各种建筑"蚕食"，缺乏面向城市的开敞界面的局面。

槐荫广场坐落在槐荫区东部，是在原青年公园旧址上改建而成的。广场于 1998 年初建成开放，总面积 3.2 公顷，其中绿地面积和硬铺装面积各占 1.6 公顷。

总的来说，商埠区目前呈现出许多中国当代老城区比较普遍的特征。如人口密度很高，老龄化，用地以居住和公共设施为主，功能混合度高，社会配套成熟，绿地不足等。难能可贵的是，商埠区特色的小网格道路结构仍在发挥作用，使其整体交通状况优于许多城市的老城区。

图 1-18 居民楼外的人行道常成为户外活动场所

图 1-19 行人宁愿在车道上走

第四节　小结

济南是著名的"泉城"和国家级历史文化名城，拥有 4600 多年文明史和 2600 多年建城史，"山泉湖河城"浑然一体。济南既保留了古城的传统风格，又容纳了体现西方近代风格的商埠区。古城区布局与自然环境相融合，因形随势，中轴线与周边山水相呼应，突出了与千佛山、大明湖相互通视的对应关系。商埠区则融合了西方网格状道路、围合的城市建筑类型以及具有明确界定的开放空间等现代城市理念，呈现出中西合璧的城市风貌。

跨入 21 世纪，济南的城市建设正在以前所未有的速度向前推进，城市经济不断跃上新台阶，人口和城市规模快速增长，日益激烈的空间资源争夺和都市区蔓延，使城市历史文化特色资源日益匮乏。由于建设重点的转移，古城和商埠出现了一些衰败迹象；与此同时，观念陈旧的老城改造模式又严重威胁着老城厚重的特色历史风貌。古城和商埠之间本来存在着的环境差异在迅速缩小，一个原本极富个性和特色的城市，个性却在悄悄地消失，特色在一天天淡化。

近年来，随着城市的发展，社会各界对加强老城保护、凸显城市特色提出了更高的要求。系统地保护济南山、泉、湖、河、城有机结合的独特风貌，打造"山水泉城"，成为当前社会各界的期望。然而，老城保护与城市发展始终是一对矛盾体，如何正确处理老城保护与经济社会发展的关系，在保护老城特色、打造"山水泉城"的同时实现老城的现代化，是一个十分紧迫的现实问题。为此，我们开始了济南老城保护的理论与实践探索之路。

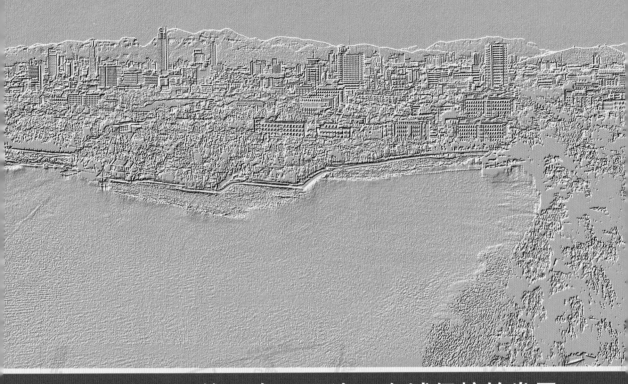

第二章　理论：老城保护的发展

　　济南当前所面临的老城保护与城市发展的困境并非个案。欧美等西方发达国家经过长时间的实践和总结，在这方面已经形成了一套相对成熟可行的理论和方法，诸多历史文化遗产与社会发展形成了"无缝"对接，很好地融入了现代都市环境，如巴黎、伦敦、罗马等，无一不是历史文化与现代文明完美融合的典范。而国内尽管有国外的经验可循，但我国的城市建设速度之快是前所未有的，因此对于城市的更新和改造无论在理论方面还是实践方面都处于摸索阶段，有成功的案例亦不乏失败的教训。在经过了初期粗放式的大规模拆建之后，传统城市的形态受到了很大的破坏，重新思考我们的老城改造和利用策略已经刻不容缓。因此，在反思我们的老城保护得失，探索更加合理的城市建设策略的时候，有必要重新审视国内外老城的演进历程，对老城保护的理论和实践进行深入剖析，总结老城保护的经验和教训，结合实践创新，以期探索一条适合济南老城可持续发展的特色道路。

第一节 老城的演进历程

人类很早就认识到城市中历史文化遗产的价值，并出现了保护和收藏的行为。自人类社会早期至 20 世纪中期，对于历史建筑物以及建筑群的保护对策虽然经历了不同时期的变迁，但是由于社会结构及生活方式长期保持稳定，老城的格局与空间形态在渐进的发展历程中得以延续，并成为现代城市空间形态格局与特色文脉风貌的立足点。通过对于西方及我国老城演进历程的阐述，有助于梳理历史文化遗产保护的发展脉络，明确城市更新与复兴的意义与手段，在动态演化的过程中掌握发展与保护的辩证关系，从而为现时代的城市保护工作提供科学的理论指导。

一、西方老城演进历程

20 世纪以前西方老城的演进历程与建筑遗产自身的保护工作密切相关，经历了对使用价值、艺术价值和历史价值保护的三个阶段。对建筑遗产价值认识的深化过程是人类发展进步的结果，也是人类认识自身过程的结果，以及作为人类集体记忆物化形态的城市发展的必然。在西方老城格局渐进形成的过程中，建筑遗产的保护与城市历史和文化逐渐联系在一起。

（一）工业革命之前的老城演进与建筑遗产保护（19 世纪以前）

工业革命之前，西方的社会结构发展相对缓慢，城市格局相对稳定，对于以物质和精神生活为目的而建造的城市和建筑，人们的遗产保护观念主要针对使用价值和艺术价值的保护。自 14 世纪起的文艺复兴运动，推动了政府全面参与文物建筑保护，起源于 18 世纪末、19 世纪初的欧洲文物修复运动，更是开启了系统研究城市文物建筑保护和修复的先河。

1. 对使用价值进行保护的时期（14 世纪之前）

人类按照自身的物质和精神生活需要建造城市，并赋予其使用价值，因此物质生命是维系城市使用价值的基础。在人类社会早期，人们基于维护使用价值以及保护特定象征意义等两个目的，来维修破损的建筑物。古罗马时代建成的希腊奥林匹亚的赫拉神庙，早期曾使用木柱，后大部分被石柱所替代，而其同一柱廊的石柱则分别反映了不同时代的艺术风格，由此可见希腊人基于崇拜、祭祀的使用价值而对神殿进行过大量维护。直至中世纪，古罗马的马来鲁斯（Marcellus）剧场一度改为集市，颇具艺术价值的巴黎卢浮宫曾作为谷仓、军械库、造纸厂等使用。在古代，囿于财力和技术手段等客观条件的制约，最大限度地再利用物质环境，保护其使用价值，比新建方式有着更加现实的功利意义，因而也更为普遍。

2. 对艺术价值进行保护的时期（14~19 世纪）

14 世纪以后，资本主义生产关系的出现，造成了西方社会的阶级矛盾开始激化，教会的专制统治遭到反抗。在欧洲，以意大利为中心开始了文艺复兴运动，力图打破旧的思想桎梏，再次肯定人的价值，重新认识以希腊、罗马为代表的古典艺术。在这种氛围的影响下，对古代艺术，包括建筑艺术的鉴赏成为风尚，人们开始认识到文物建筑的艺术价值并加以保护，当时的罗马教皇国曾在政府中设有从事古建筑修复与保护的专门管理职位。起源于 18 世纪末、19 世纪初的欧洲文物修复运动，开启了系统研究城市文物建筑保护和修复的先河（图 2-1）。

图 2-1　文艺复兴时期以罗马卡比多山上残迹进行改建而成的罗马市政广场

（二）工业革命之后对于文物建筑历史价值的保护（19~20 世纪）

工业革命以后，法国、英国、意大利等国相继颁布了有关文物建筑保护的法律，一批具有很高艺术价值的重要建筑物成为当时修复的对象，而在法国的"风格修复"运动、英国的"反修复"运动以及意大利的"文献修复"和"历史性修复"运动的历程中，文物建筑保护的核心议题由艺术价值保护转向历史价值保护。

1. 法国的"风格修复"运动

18 世纪 30 年代初，对中世纪建筑的修复运动在法国开始发展，维奥莱·勒·杜克（Violllet le Duc，1814~1879）由理性主义出发的"风格式修复"理论与实践，对于欧洲的文物保护与修复产生了深远的影响。维奥莱·勒·杜克自 1845 年起组织了对巴黎圣母院历时 20 年的彻底修复，其不但修复了被毁坏的部分，而且力图把圣母院"恢复"到最典型的 12 世纪的风格面貌上去。为此，他不惜拆除 13 世纪的窗户，从别处搬来 12 世纪的雕像；亲自为巴黎圣母院设计了 12 世纪式样的窗户，还去掉并改动了 17、18 世纪的壁画和装饰。维奥莱·勒·杜克艺术至上的修复思想强调建筑风格统一，将众多中世纪的教堂重新改造成其理想形式（图 2-2）。英国艺

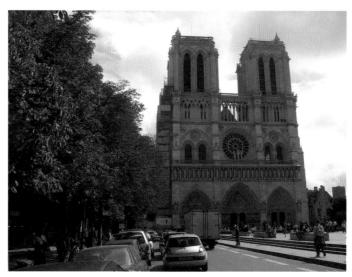

图 2-2　巴黎圣母院

术评论家约翰·拉斯金（John Ruskin, 1819~1900）在《建筑七灯》中批判这种修复方式为"只是一种最恶劣的破坏方式"。

2. 英国的"反修复"运动

基于对只注重风格统一、强调文物建筑的艺术价值的"风格修复"的反思，19 世纪中叶，英国兴起了以拉斯金和美术工艺设计家威廉·莫里斯（William Morris, 1834~1896）为代表的"反修复"运动，并于 1882 年通过了第一个古迹保护法令。莫里斯认为"修复过去年代中匠师们建造的文物建筑，最有效的方法是保持它们在物质上的真实性。任何必须的修缮或修复绝不可使历史见证失真"，由此建立起以保护文物建筑的历史信息和历史价值为取向的文物保护和修复流派，其见解成为现代西方保护文物"原真性"原则的基础。

3. 意大利的"文献性修复"和"历史性修复"运动

18 世纪中期以后，新生的资产阶级取代了旧的皇室和贵族，大机器生产加快了社会生活的节奏，工业化产品改变了人们的艺术欣赏趣味和审美观念。艺术家走向现实生活，古典的审美标准逐渐衰落。因此，古典艺术品也就不再具有楷模作用和崇高地位。对古代艺术品与建筑遗产的鉴赏、评价趋于客观、冷静，并开始关注它们所表达的历史信息所具有的历史价值。

代表着 19 世纪文物建筑保护运动新发展方向的意大利文物建筑保护学派开始兴起，并很快成为国际文物建筑保护运动的领袖和核心。"文献性修复"运动的代表人物卡米洛·波依托认为，历史建筑应被视为"一部历史文献，它的每个部分都反映着历史"。与"风格修复"运动强调表现建筑形式的完美性不同，"文献性修复"运动更注重历史形式存在的真实性。"历史性修复"是"文献性修复"观点进一步发展的产物，其代表人物卢卡·贝尔特拉米认为，"历史性修复"的实质是在严格尊重历史的态度下，更准确、更真实地反映历史面貌，而不是拘泥于建造方式和建造材料的传统性。1902年7月，威尼斯圣马可广场的钟塔倒塌。在当时定下的"原址原样"的原则下，贝尔特拉米设计的钟塔立面形式与细节均脱模于原塔，却大胆地采用了砖和混凝土的材质（图2-3）。

图2-3 威尼斯圣马可广场

20世纪之前的西方城市发展较为缓慢，城市与自然环境协调性较好，科学技术、民族文化、心理和交通变异度较低，手工业生产方式和与之相联系的社会结构及生活方式长期保持稳定。与现代城市相比，工业革命前的城市保护活动主要集中于个体的建筑遗产，虽然保护的主旨经历了由使用价值、艺术价值到历史价值的变迁，城市格局与空间形态始终无巨变发生，由此，凝聚了地域历史文化价值的老城风貌在渐进的发展历程中形成并得以整体呈现。

二、我国老城演进历程

相对于西方老城长期稳定的发展，在社会政治、经济和文化等产生突变的历史条件下，我国老城的发展经历了由长期的传统一元文化主导过渡至西方外来多元文化融入的特殊过程。大多数老城出现了中与西、古与今、新与旧的多种体系并存、碰撞与交融的状态，并由此形成了各具特色的城市风貌。

（一）老城形态的稳定延续

作为城市历史文化遗产十分丰富的文明古国，我国历史上存在着对建筑遗产"革故鼎新"和城市文脉长期延续不衰的两种现象。一方面，在历史上多次的王朝更替中，前朝的建筑往往被视为过去统治的象征和代表，为当朝者所不容并加以摧毁。另一方面，虽然改朝换代会对建筑遗产大破大立，但城市格局及其所反映的社会组织结构却得以延续，周王朝时期形成的"营

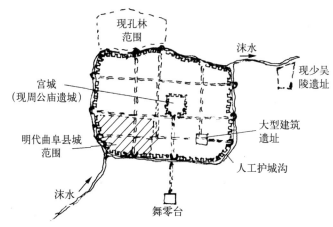

图 2-4　西周——战国鲁都城（曲阜）发掘城址示意图

国制度"，其城市建设体制、礼制及规划制度始终深刻地影响着中国古代的城市建设（图 2-4）。我国历代的古城在城市形态有机延续和建筑遗产大破大立的状态下演变发展，并表现出因借自然、文脉延续的特色城市风貌。

（二）西方多元文化与文物保护思想的引入

中国封建社会时期文化基本上是连续的一元文化。在整个社会文化与环境的影响之下，此时的城市与建筑虽然具有各个时代的特征，但其特征与修建原则却保持着良好的延续性。

19 世纪后，封建主义的清王朝经历"康乾盛世"后日趋衰落，而欧美资本主义各国却在工业革命的历程中迅猛发展，西方文化以一种侵略的姿态打破了中国此前长期的一元文化社会特征。以 1840 年鸦片战争为标志，中国步入了半封建半殖民地的近代社会，以此为开端的中国近代建筑历史进程，伴随着开埠等经济活动，在西方文化的冲击、激发与推动之下被动地展开了。中国传统建筑文化的延续与西方外来建筑文化的传播相辅相成，其相互的碰撞、交叉和融合，构成了中国近代建筑史的主线。

至 19 世纪末 20 世纪初，伴随着西方文化的大规模侵入，在中国的许多城市中，不仅传统的古代建筑仍在延续、演变，外来的西方建筑样式逐渐增多，西洋建筑成为中国近代建筑历史中的特定时代产物；20 世纪 20 年代以后，出现了以模仿中国古代建筑或对之改造为特征的另一股潮流，加之 20 世纪 30 年代欧美"国际式"新建筑潮流的冲击，使中国近代建筑的历史呈现出中与西、古与今、新与旧的多种体系并存、碰撞与交融的状态。中国近代城市与建筑正是这种多元文化下的历史见证。

西方文化的引入不仅体现在建筑文化的传播与融合，其渐成体系的文物保护思想也在该时期进入中国，为此后的历史文化遗产保护体系的建立奠定了基础。1922 年，北京大学相继成立考古学研究所和考古学会，我国首次把古建筑列入了文物保护的范畴。在 1929 年成立的营造学社中，梁思成、刘敦桢分别主管中国营造学社的"法式部"和"文献部"的工作，他们把现代西方建筑史研究的方法引入中国，改变了过去学者们单纯强调文献考证，而忽视实物研究的方式，强调现场调查，并采用考古学的研究方法，通过排列、比对，寻找中国建筑发展的规律（图 2-5）。1930 年以来，国民政府相继颁布了《古物保护法》、《中央古物保管委员会组织条例》等条例，但由于时局的动荡，我国在新中国成立前没有形成一个长期稳定的历史文化遗产保护和管理体制。

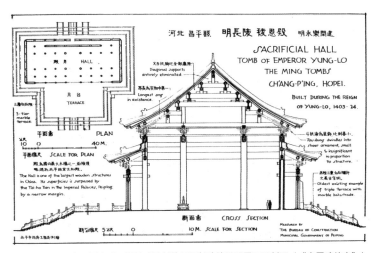

图 2-5　梁思成绘制的昌平长陵棱恩殿平面及剖面（《中国建筑史》）

至 1949 年新中国成立之际，我国的城市发展经历了封建社会一元文化统治与半封建半殖民地社会多元文化融合的不同时期，特殊的社会发展历程集中体现在了城市与建筑的特色上。在以北京、上海、南京与济南等为代表的许多城市之中，中西合璧的城市格局与空间形态逐步形成，我国的老城呈现出多元文化融合的特色城市风貌。

三、小结

通过西方与我国老城发展历程的比照可以看出，在人类社会演进的某一时间节点之前（西方为工业革命、我国为 1949 年新中国成立），由于科学技术、民族文化、心理和交通变异度较低，手工业生产方式和与之相联系的社会结构及生活方式长期保持稳定，因此城市发展较为缓慢，城市与自然环境协调性较好，城市格局与空间形态的延续稳定性较好。由此，凝聚了地域历史文化价值的老城在渐进的发展历程中形成了各具特色的整体风貌。

现代工业的发展使社会的政治、经济与文化结构发生了巨大的变化，城市生产、聚居与交通等方式的改变，对于原有的城市格局与空间形态提出了挑战。传统生产方式下形成的老城，既在功能布局上与现代化的生产、生活需求相矛盾，又在文脉延续方面承载着城市的特色风貌，因此老城的积极保护与动态更新成为当前面临的重要课题。在老城的发展历程中可以看出，在经历了使用价值、文化价值和历史价值保护的三个阶段后，老城中历史文化遗产的整体保护已成为社会发展的重要环节，相关的保护理论研究与保护实践探索在城市的更新与发展中占有不可替代的地位。

第二节　国内外老城保护理论研究

在近代人类社会的快速发展过程中，许多历史文化遗产在工业化浪潮中遭到了不同程度的毁坏。现代主义建筑思潮的崛起，反对古典复兴和折中主义，对历史建筑采取排斥的态度，在一定程度上对于历史文化遗产的破坏起到了推波助澜的作用。伴随着 1931 年第一届历史纪念物建筑师及技师国际会议所采纳的《关于历史性纪念物修复的雅典宪章》中关于"有历史价值的建筑和地区"保护意义与基本原则的论述，国内外关于老城保护理论的研究日臻完善，并逐步形成积极、动态的保护体系。

一、国外老城保护理论研究

第二次世界大战后，西方国家一些大城市中心地区开始"衰落"，人口和工业出现向郊区迁移的趋势。在城市重建与经济振兴的双重挑战下，大规模高速的推倒重建模式成为这一时期城市发展的特征，城市更新运动也应运而生。

柯布西耶所代表的国际现代建筑协会（CIAM）的"现代城市"理论，倾向于以一种崭新的新理性秩序替代现有的城市结构，新型的"现代"城镇规划替代了现存的城市形态与格局，仅有极少的历史性建筑被孤立地保留下来。在英国皇家学院拟定的伦敦改建设计中，庄重、协调的城市规划格局力图仅通过美观与交通的要素来解决复杂的城市改建问题。

20 世纪 60 年代以来，大规模推倒重建及现代主义建筑运动对于城市发展的不良影响得到反思，老城的有机更新与历史文化遗产保护成为社会关注的焦点，城市保护的对象也由个体的文物建筑拓展至整体的历史地段。1964 年 5 月，《威尼斯宪章》提出了"历史古迹的概念不仅包括单个建筑物，而且包括能从中找出一种独特的文明，一种有意义的发展或一个历史事件见证的城市或乡村环境"；1976 年 11 月，《内罗毕建议》指出："历史地区是丰富多彩的文化、宗教及社会的最生动写照，必须延续到后世，保护历史地区并使它与现代社会生活相结合是城市规划与土地开发的基本要素"；1987年10月，《华盛顿宪章》进一步扩大了历史古迹保护的概念和内容，提出了历史地段的保护更关心的是外部的环境，并通过建立缓冲带而加以保护。西方老城更新与历史文化遗产保护，在实践的探索中逐渐全方位地关联起城市发展的影响要素。

（一）博洛尼亚的"整体性保护"理论

博洛尼亚（Bologna）是意大利北部一个拥有丰富文化遗产的历史名城，其古城的中心是欧洲中世纪和文艺复兴时期最大的建筑群体典范之一。博洛尼亚古城建成于公元前2世纪，11世纪成为繁荣的地区商业中心，1088年，欧洲最古老的博洛尼亚大学建成，至15世纪末，老城区已基本形成。19世纪末，伴随着城市的向外扩张，市中心人口开始减少。从第二次世界大战战后的复兴期到20世纪60年代的高速发展期，面对大发展带来的郊区化和老城衰败的恶性循环，博洛尼亚选择了以保护和再生为核心，使城市建设与地域发展平衡推进。

博洛尼亚在世界上第一次提出了"把人和房子一起保护"的口号，认为应将历史建筑与居住其中的生活者一同保存，即"整体性保护"。1974年，在博洛尼亚召开的欧洲议会上，整体性保护得到正式肯定，并成为更新城市历史街区唯一有效的准则。

整体性保护所尝试的是一种有历史、有文化的城市和社区发展新模式，其保护对象所涵括的不仅是历史建筑，而且是对整个城市生活的保护与继承。1960年完成的博洛尼亚城市总体规划认为，应限制发展速度，其"反发展"的原则体现了历史城市保护的新价值观，并强调应保护历史遗产和自然环境，在公共资源和居民之间寻求平衡，用历史的观点分析有文化价值的建筑并加以利用，建立古城保护的规则。

（二）历史文化遗产保护的趋向

进入20世纪后，在城市历史文化保护领域对历史建筑及其环境的保护已成为保护工作的重点，保护对象从文物建筑扩展到文物建筑及其周边环境，继而扩展到对整个历史街区的保护。伴随着《关于历史性纪念物修复的雅典宪章》、《威尼斯宪章》、《内罗毕建议》、《华盛顿宪章》等一系列关于历史地段与历史街区保护制度的相继制定，历史文化遗产的保护逐步扩展到物质实体的历史地段，非物质形态的城市传统文化，及关注城市和社会经济与结构问题的可持续发展战略等复合型范畴。

20世纪以来，工业化、城市化尤其是经济全球化倾向，给人类文明、地球环境、民族文化、地方特色带来巨大的冲击。历史文化遗产保护的意义与重要性在当代和未来的社会、经济、文化环境创造中发挥作用，以下几个方面成为其价值利用的方向：

1. 可持续发展

可持续发展是21世纪的战略目标，其被定义为既满足当代人需要，而又不妨碍后代人满足其需求能力的发展。历史文化与生态要素都是支撑城市可持续发展的重要方面，历史文化遗产保护在保障建筑遗产的历史、文化和美学价值不被破坏的同时，与城市可持续发展的经济、社会、环境及文化等要素密切相关，加强了居民的场所归属感和认同感。

2. 物质与非物质遗产的协同保护

在保护历史地段建成环境的物质形态的同时，注重地方特色和场所精神的维系，强化非物质形态的口述和无形遗产的鉴别、保护和利用，确保世界文化多样性的传承。通过物质与非物质遗产的协同保护，孕育出体现地方特色、珍贵的自然地域个性，创建有特色的城市风貌。

3. 地方性保护

在历史文化遗产保护中，最大的挑战就是如何认识个别情况与纲领原则之间的联系，依据每个地区的实际情况与发展动力的不同，调动社会各方面的积极因素，制定切实可行的保护方法与对策尤为重要。

（三）公众的保护意识

保护规划应被视为一项具有内在动力的过程，建立一种有效运行机制鼓励公众参与，成为其中非常重要的一环。由此增强人们对遗产保护工作的重视，改善历史环境和强化基础设施的承载力，进而彻底改善历史城镇的整体环境质量，实现丰富多彩的城镇文化建设。

（四）城市更新——URBAN RENEWAL

由于受到 20 世纪 30 年代经济大萧条的打击和第二次世界大战的战争破坏，西方国家（主要是欧洲国家和美国）在战后普遍开始了大规模的城市更新运动（URBAN RENEWAL），并拟定了雄心勃勃的城市更新计划。该阶段城市更新内容主要为城市中心区改造与贫民窟清理，目的是振兴城市经济和解决住宅匮乏的问题。

受当时国际现代建筑协会（CIAM）倡导的城市规划思想影响，许多城市（包括伦敦、巴黎、慕尼黑等历史悠久的城市）都曾在城市中心区进行了大量的拆旧建新活动。然而，"焕然一新但多有雷同的城市面貌不仅使城市居民觉得单调乏味和缺乏特色，而且还带来了大量的社会问题"（Jacobs，1961）。因此有些西方学者甚至将这一阶段的城市更新运动称之为"第二次破坏"。

清理贫民窟运动也造成类似问题。当时采用的是所谓的消灭贫民窟的办法，即将贫民窟全部推倒，将居民迁走，并在原中心贫民窟旧址上建立大量奢华的新建筑，以获取更好的财税收入。当时在美国的纽约、芝加哥和英国的曼彻斯特等贫民窟较多的大城市，这种做法比较普遍。然而几年以后人们发现，大规模清理市中心贫民窟的同时，对迁居者的住房安置计划却进程缓慢，原居住者的生活反而变得更糟（Anderson，1964）。这一方面是由于更新改造计划多发生在城市中心区楼宇老化、设施缺乏并大量由低收入阶层居住的地区，他们中的很多人无法支付改造后高档住宅的租金，因此被迫外迁；另一方面是由于城市更新改造具有一定的开发周期，期间的住房紧缺状况无法得到有效的解决。因此，这种城市更新只是把贫民窟从一处转移到另一处，还摧毁了已有的邻里和社区关系。

尽管这一阶段的城市更新运动存在种种问题，但仍然有值得肯定的方面，这就是在城市更新的政策层面，城市政府的关注点已经不再仅仅局限于更新改造地区建筑质量与环境质量的提升，城市财政问题和资金平衡等因素开始综合考虑。此外，以往忽略的商业、工业等非居住性更新的想法也开始萌芽。

经过第二次世界大战后的复苏期，西方国家在20世纪60年代进入了经济快速增长时期，长期的经济繁荣使城市更新运动的重点也随之发生变化。一方面，城市的更新改造更加强调对综合性规划的通盘考虑，如在城市更新政策的实施中，听取了二战后初期阶段的教训，不再单纯考虑物质因素和经济因素，而是综合考虑就业、教育、社会公平等。对更新改造地区，不再一味地拆除重建，二是注重对现状建筑质量与环境质量的提高，引入公共项目和福利项目以解决社会问题。另一方面，以大城市、大规模的更新改造为特点的城市更新运动蓬勃发展，这主要是由于大城市的快速发展导致了城市更新的内生性需求增长，此外，由于城市建设用地开发强度的不断提高以及对社会、环境等因素的综合考虑，城市更新改造的成本迅速提高，而规模效应有助于降低成本。

（五）城市再生——URBAN REGENERATION

20世纪80年代后，美国的大规模城市更新已经停止，总体上进入了谨慎的、渐进的、以社区邻里更新为主要形式的小规模再开发阶段。这一阶段的主要特征是小块土地或建筑物重新调整用途（例如将工业区、码头区转变为商业区等），往往并不牵涉到大规模的街区（特别是居住用地）调整，例如波士顿的昆西市场（Quincy Market）改造。在最早的工业化国家英国，城市更新的任务更加突出，人们开始倾向于城市再生（urban regeneration）的理念。

城市再生，是面对经济结构调整造成城市经济不景气、城市人口持续减少的困境，为了重振城市活力，恢复城市在国家或区域社会经济发展中的牵引作用而提出来的。"城市再生"一词按照词义，通常被理解为对濒临消失或已经消失的历史遗存实施保存或复原。而"城市空间持续再生"不仅是对现状或过去的保存及复原，它更强调的是在正确把握未来变化的基础上，更新城市功能，改善城市人居环境，恢复或维持许多城市已经失去或正在失去的"时代牵引力"的功能。他提出，这一理念与曾经兴盛一时的"城市更新"、"城市再开发"有较大的区别，也不同于通常的"死后再生"的概念。其表征的意义已经不只是城市物质环境的改善，而有更广泛的社会与经济复兴意义。

（六）城市复兴——URBAN RENAISSANCE

面对经济全球化带来的城市间激烈竞争，20世纪90年代后城市更新具有了单一改善内部环境之外的更高要求，即如何通过各种方式来提升城市的竞争力以谋求更高的竞争能量。在可持续发展的思潮的影响下，西欧国家城市更新的理论与实践有了进一步发展，进而逐渐形成了城市复兴的理论思潮与实践。

它一方面体现的是前所未有的多元化，城市复兴的目标更为广泛，内容更为丰富；另一方面是继续趋向于谋求更多的政府、社区、个人和开发商、专业技术人员、社会经济学者的多边合作。这时候城市更新的目标是首先着眼于外部的竞争环境，然后再回头审视内部环境的差距和改造之策，特别是对于纽约、伦敦这些国际性城市。2002年下半年，伦敦市政府提出了耗资巨大、雄心勃勃的"伦敦重建（城市复兴）计划2003—2020"并付诸实施。这项工程将耗资1100亿英镑，以进一步提高伦敦的国际竞争力为核心。伦敦重建的目标是：建设一个开放、包容、富裕、优美、社会和谐的新伦敦，使其在居住质量、空间享受、生活机会和环境保护等诸多方面都处于欧洲的领先地位，使每一个伦敦人以至英国人都为之自豪。

城市复兴在精神和物质上具备双重性，包含了经济、社会与文化等多方面的综合建设，对社区提出了必须满足居民两个方面的基本需求：即人与自然的融合交流、人与人之间的沟通交流。英国副首相普里斯科特指出，伦敦城市复兴的重大意义在于，用持续的社区文化和城市规划的前瞻性来恢复城市的可居住性和信心，把人们再吸引回城市。2002年在英国伯明翰召开的城市峰会上，提出了城市复兴、再生和持续发展的主题，认为城市复兴旨在再造城市活力，重新整合各种现代生活要素，使城市重获新生。

二、国内老城保护理论研究

新中国成立以后，中央人民政府先后颁布了《关于保护古文物建筑的指示》、《文物保护管理暂行条例》等一系列相关法令和法规，并设置了相关的中央和地方管理机构及考古研究所，初步形成了针对文物建筑物质形态的保护体系。1966年开始的"文化大革命"，对于刚刚建立起的文物保护制度及部分建筑遗产造成了严重的破坏，更为关键的是其形成了一种忽略文化、忽视传统的"破旧立新"的社会倾向，对以后的城市发展产生了长期的不良影响。

20世纪70年代中期文物保护工作得以初步恢复。1981年进行了全国文物普查，查明35万处不可移动文物；1982年颁布《中华人民共和国文物保护法》，并确定了第二批62处全国重点文物保护单位。同年，国务院在转发的《关于保护我国历史文化名城的请示》中公布了第一批 24 个中国历史文化名城名单；《关于审定第一批国家重点风景名胜区的请示》公布了 44 个国家重点风景名胜区。1985 年中国政府签署《保护世界遗产公约》，并于 1987 年开始申报世界遗产项目。1991 年，全国人大常委会对文物保护法进行了补充和修改，次年颁布《中华人民共和国文物保护法实施细则》。这段遗产保护的快速发展历程，标志着我国由单一的建筑遗产保护，扩展至历史地段及街区的历史文化遗产保护的制度和方法，并逐步走向成熟。

改革开放以来，随着经济的迅猛发展和城市化进程的快速推进，多年来城市交通模式落后、基础设施老化和居住条件窘困等一系列问题凸现出来，经济发展缓慢时期较为稳定的老城格局与形态受到了强烈的冲击。"建设性破坏"导致了历史建筑及其环境日趋消亡，城市风貌在极短的时间内突变，历史文化遗产的科学整体保护迫在眉睫。伴随着信息社会带来的全球资源高度共享，在适时借鉴国外先进理念与成功经验的基础上，我国的城市历史文化保护逐步探索符合地域发展规律的特色道路。

1996 年，在安徽省黄山市屯溪召开的"历史街区（国际）研讨会"上，明确指出"历史街区的保护已成为保护历史文化遗产的重要一环，是保护单体文物、历史文化街区、历史文化名城这一完整体系中不可缺少的一个层次。它以整体的环境风貌体现着它的历史价值，展示着某一时期的典型风貌特色，反映着城市发展的脉络"。1997 年建设部转发《黄山市屯溪老街历史文化保护区保护管理暂行办法》的通知，重申了历史地段保护的重要性，明确了历史文化保护区的特征、保护原则与方法，我国历史文化保护区保护制度由此建立。

2005 年 12 月 22 日，国务院发出《关于加强文化遗产保护的通知》，首次用"文化遗产"替代了"文物"一词。通知指出："文化遗产包括物质文化遗产和非物质文化遗产。物质文化遗产是具有历史、艺术和科学价值的文物"。

2007 年 6 月，在北京召开的"城市文化国际研讨会暨第二届城市规划国际论坛"发表《北京宣言》指出，城市化、全球化在带来经济发展、文化繁荣和生活改善的同时，也给当代人带来巨大的挑战。城市发展正面临着传统消失、面貌趋同、形象低俗、环境恶化等问题，建设性破坏和破坏性建设的威胁依然存在，城市文化正处于转型过程中。

《北京宣言》达成了以下共识：第一，新世纪的城市文化应该反映生态文明的特征；第二，城市发展要充分反映普通市民的利益诉求；第三，文化建设是城市发展的重要内涵；第四，城市规划和建设要强化城市的个性特色；第五，城市文化建设担当着继承传统与开拓创新的重任。

在改革开放以来的历史文化遗产保护理论的探索中，国内达成了一些共识，老城复兴应将历史文化遗产与城市总体发展通盘考虑，包括对城市自然环境、经济、社会和文化结构中各种积极因素的保护与利用，从而追求社会、经济与文化的整体效益最优化。我国当代一些学者的研究思想在城市发展与保护方面提供了一定的理论依据。

（一）历史文化名城整体空间环境体系保护理论

在历史文化遗产保护理论的探索过程中，我们逐渐意识到作为社会文明的集中体现，历史城市以其深厚的内蕴，反映了社会发展的脉络，是人类的宝贵遗产。在对于历史城市保护的逐步重视过程中，我国于 1982 年将一些保存文物十分丰富、具有重大历史价值和革命意义的历史城市，公布为第一批国家历史文化名城，并将其作为一项长效机制，按照需求渐次增添历史文化名城。

历史文化名城的保护内容不但有个体的文物古迹和历史地段的保护，还涵盖了整体的街区环境保护，以及保护和延续古城的传统格局和风貌特色；不但要保护有形的建筑、街区等实体内容，还要保护无形的民间艺术、民俗精华等文化内容。由此形成历史文化名城整体空间环境的体系保护理念。

作为较早开展历史文化名城保护理论研究的国内学者，同济大学的阮仪三教授将历史文化名城的保护范围界定于文物、历史建筑和街区及城市三个层次，统筹考虑城市的经济、社会、文化、城市规划、文物保护和建筑设计等方面内容，提出了历史文化名城的系统保护观点，并提出了具体的保护方法：

1. 文物古迹的保护

文物古迹大体可以分为古建筑物、遗迹及非建筑物三类。对于各级文物保护单位要划定保护范围，其四周应认真研究文物在历史上的功能定位、设计成就、环境特色，在认识原来的历史环境的基础上根据实际需要划出建设控制地带。

对于古建筑物和遗迹的保护可以采用冻结保护和重建的方法进行。冻结保护必须以不改变原貌为前提，坚持修旧如旧的原则，强调修复和增添的部分的可识别性，加固和维护措施应尽可能地少（必要性原则），而且遵循可逆性原则，不应妨碍以后采用更有效的保护措施；对于历史上一些已被毁且充分体现地方特征的十分重要的构筑物，应以谨慎的态度重建，因为重建必然失去了历史的真实性，而在更多情况下保存残迹更有价值。

2. 历史地段的保护

在我国的历史文化名城中，因为传统格局和风貌保护完整、需要全面保护的古城已为数不多，除文物古迹外有重点地保存若干历史地段，以此反应古城的传统格局和风貌，展示城市发展的历史延续和文化特色成为现实可行的做法。历史地段包括文物古迹地段和历史街区两种类型，文物古迹地段的重要性根据客观存在的科学价值而决定，因此非常重视原貌复原的准确性；历史街区的评价相对于文物建筑而言，其群体的效果、生活性和世俗性的价值更为重要。

历史街区的保护可以细化为街区建筑、街道格局、建筑高度与尺度控制、基础设施改造、居住人口及居住方式的调整和街区功能与性质的调整六方面内容。优先保护由建筑物、路面、院墙、街道小品、河道和古树等所构成的整体环境风貌，外观按历史面貌保护，内部可进行适应现代生活需要的更新改造。

3. 城市整体空间环境的保护

城市整体空间环境反映了历史文化名城的整体风貌与特色，必须有别于文物古迹和历史地段，采取整体性和综合性的措施进行保护和控制：一方面对体现城市传统空间特色的原有因素实时保护，另一方面对影响城市风貌特色的新建因素实施控制与引导，从而达到保护与发展的整体协调。城市整体空间环境的保护方法包括城市布局调整、古城格局保护和城市环境保护三个方面的内容。应加强探索新的规划控制方法（诸如编制景观风貌规划，划定高度控制区，对重点地段采取建筑控制），目的是协调新旧建筑关系，人造环境与自然环境的关系，保持和加强城市突出的景观风貌特征。

在强调城市整体空间环境的历史文化名城保护理论中，突破了狭义上的对传统街区的复原或修复及原样保存，以及对城市总体空间结构的保护，拓展至广义的旧建筑以及历史风貌地段的更新改造，以及新建筑与传统建筑的协调方法、文脉传承、特色保持等问题。并突出了城市规划在历史文化名城保护中的作用，分析了名城保护规划与总体规划的关系，制定了历史文化名城的保护框架，提出了具体实效的保护办法与措施。但是该理论着重强调历史文化名城中传统建筑及环境风貌的保护，在其后续的实践中可以看出其侧重于历史遗产的空间环境保护，在保护与更新发展以及城市与各要素间的统筹协调方面还需要进一步的平衡与完善。

（二）"有机更新"与"小规模渐进式更新"理论

在当前高速发展时代背景下，我国的城市结构处于转型阶段，现代化进程中城市建设的需求不断增长，许多老城逐渐走向没落，近年来的改造力度很大。古代城市的选址、布局和建造都十分注重人与自然的和谐统一，提倡城市应融入自然之中。随着现在人们文化生活的变化，不再崇尚自然及追求与其统一，并在城市建设中忽略了对人性的关怀和对环境与历史的保护。通过在城市现代化过程中遇到的问题，我们意识到不能只注重新事物的建立，而忽视对原有事物的保护，任何新生事物都是从原有事物中发展演变而来的。正是这种既要遵从时代发展、紧跟现代化进程的脚步，又要注意在发展过程中对原有事物的保护的想法，逐步形成了在"保护中求发展"的"有机更新"理论。

1979年，清华大学的吴良镛教授根据北京旧城的保护和更新的实践经验，对北京的旧城改建进行了反思，在进行北京什刹海的规划研究中首次提出了有机更新理论。有机更新理论认为：旧城区长期形成的有认同感的城市格局及文物价值、情感价值等很容易在不加区别的"大拆大改"中轻易地丧失掉，而小片改建有利于对环境作细致的研究和判断，因此，我们应当把城市设计和更新整建的尺度放在一个有限的范围内，使其成为一个逐渐增长更新的过程，而不是大面积的一次性再开发。在每一小块的更新过程中必须将它置于整个城市形体环境的构架上来考虑，使插入建筑与城市环境有持续性的历史序列。这样的增长和更新才是"可读的"和"可记忆的"。

根据吴良镛教授对"有机更新"理论的论述和其在具体案例中的应用来看，在总体上，可以认为"有机更新"包含三个层次的内容：

1. 城市整体的有机性

作为供千百万人生活和工作的载体，城市从总体到具体细节都应该是一个有机的整体，城市的各个部分之间应该和生物体的各个组织一样，彼此不仅相互关联，同时还能和谐共处，形成整体的秩序与活力。

2. 细胞和组织更新的有机性

同生物体的新陈代谢一样，构成城市本身组织的城市细胞（如供居民居住的四合院）和城市组织（如街区）也要不断地更新，这是必要的，更是不可避免的，但是新的城市细胞仍应当顺应原有的城市肌理。

3. 更新过程的有机性

生物体的新陈代谢是以细胞为单位进行的一种逐渐的、连续的、自然的变化，遵从其内在的秩序和规律，城市的更新也应该如此。

"小规模渐进式更新"理论是在对北京旧城发展战略与"有机更新"理论的研究基础上，借鉴国外"动态整体性"原则，结合我国老城历史文化传统和整体格局保护的特点，强调操作层面的灵活性而形成的老城保护理论。

"整体保护"并不是要"一切复旧"，而是指必须在"整体"的观念下，在控制旧城内新建筑的体量和规模的同时，保持历史街区城市空间发展的"动态整体性"（Growing Wholeness, Christopher Alexander, 1987）。其核心为遵循旧城的固有肌理及其演变规律，保持传统城市空间的有机秩序及其历史延续性。这种"动态整体性"体现在具体的规划设计方法上，就是清华大学的张杰教授近年来一直在倡导的城市历史文化保护区的小规模改造与整治的思路。

所谓小规模改造，是指一系列与城市历史文化保护区改造相关的、以解决实际问题为目的的小规模的社会经济和建设活动。比如仿古院落开发改造、用户自助改造等方式以及由于生活、工作环境的改善和提高，适当规模的重建、补建整治、保护和修缮以及相关的环境设施的整治和改善。相对大规模改造而言，小规模改造的最突出优点就是它的"小而灵活性"（Small & Smart）。一方面无论是在资金筹措、建筑施工，还是在拆迁安置方面，小规模改造都明显具有较大的灵活性；另一方面，小规模改造一般以居民为主体，能够充分调动居民自身的积极性，不仅可以吸引相当数量的小规模资金投入到旧城的居住环境营建上，而且还使改造具有极强的针对性，能够比较细致而妥善地满足居民的实际需求。

相对于国内许多城市中大拆大建的毁坏古城格局与历史街区整体风貌的保护规划，以及忽略地方特色的仿古建筑与超负荷商业化的旅游开发等不良操作模式，"有机更新"与小规模渐进式更新理论更为注重"动态整体性"的保护模式。由于改造规模小，一次性投资少，在易受现状环境和现有技术条件制约的条件下，反而更容易与旧城历史环境相协调，这实际上是一种"活态"的传统（Living Tradition）。

由于灵活性和高效性的优势，"有机更新"与小规模渐进式更新理论目前在北京、西安等城市的历史文化区改造项目中得到了不同形式的应用。但由于其小规模改造保护的特点，往往与城市及区域总体规划之间存在整体性衔接等方面的问题，因此该理论应主动调节与上位规划的适从关系，方可在老城的整体保护中发挥更大的功效。

（三）城市管理角度的保护理论

自 20 世纪 80 年代以来，我国的老城保护与规划由孤立的文物保护走向城市整体保护，由城市整体的把握走向深入细致的保护，并逐步形成系统化规范化的保护与相关规划编制的体系。许多城市的主管部门根据各自城市的地域特色，统筹城市发展的各方面因素，在管理与实施层面针对城市发展更新与老城特色保护方面开展了相关的理论研究。

苏州市首先在总体规划中提出了全面保护古城风貌的要求，并在城市发展战略上果断致力于开辟新区疏散古城，摆脱了我国长期以来以古城为单一中心的城市发展模式。为了良好地保护古城格局，城市在发展中严格控制古城的容量，调整用地布局，限制建筑高度，重视小步探索实践的古城区改造模式，全面整体地保护古城风貌。通过十梓街 50 号单个宅院、桐芳巷街坊、平江历史街区等不同规模层级递增的改造试点，逐步探索古城历史传统风貌继承与延续的理论与方法，借助于城市管理部门的统筹协调优势，集合了专家学者、政府部门及社会公众的多方面、不同角度的建议与措施，取得了良好的效果。

上海市针对以近代城市与建筑文化为主要特色的城市特征，立足于反映城市地域特色的各类历史街区成片分散布置的现状，重点加强了城市特色风貌保护理论与实践的研究。2002年上海市政府颁布了《上海市历史文化风貌区和优秀历史建筑保护条例》，并组织了专项课题组，历时两年多完成了《上海市历史文化风貌区保护规划编制与管理方法研究》，通过对控制性详细规划的实效拓展，在城市设计层面整合入风貌保护的规划控制导则。该研究厘清了历史文化风貌区的保护意识和理念、规划和管理的关系，强调整体的保护，从对单体的保护扩大为对地块和地区的风貌保护，在全国率先划定大面积的历史文化风貌保护区并实施全面的保护。

作为拥有丰富历史文化遗产的六朝古都南京市，其城市管理部门立足于更高的着眼点，从城市功能更新的角度，依据城市产业、交通、聚居等功能的适时发展，在更大的都市发展区范围内处理保护和发展问题，在动态疏散和提升南京老城功能的基础上，整合展示历史文化资源。南京市在前期开展的现状调查、征集各方面意见和专题研究等工作的配合下，逐步建立起由总体规划、片区控制性详细规划等组成的老城保护与更新规划决策依据，并由此确定了老城保护的体系和框架，进而在实践中探索了老城保护体系的科学构建。

国内大多数城市管理部门在老城保护方面的探索较多地关注于相关控制规划的编制与落实工作，这一方面可以在老城特色风貌的保护中有章可依，较为科学地制定城市发展与更新的战略；另一方面却忽视了城市管理部门所面临的更为复杂的城市政治、经济、文化等要素全方位发展的问题，这要求我们应当着力探索一条兼顾有效保护老城与在实际中有良好实施效果的城市管理思路。

三、国外老城保护制度及对我国老城保护的启示

20 世纪中叶以后，经历了二次世界大战战火对老城的毁坏和战后经济高速增长对环境的破坏，人们对老城的城市风貌、历史街区、文物古迹和历史建筑具有的种种不可替代的价值和作用有了深入的认识，相应的保护思想也在发生变化，文物保护的概念逐步扩大，相继形成了一系列的国际公约和宪章。其中最具代表性的包括《威尼斯宪章》、《保护世界文化和自然遗产公约》、《内罗毕建议》、《马丘比丘宪章》、《华盛顿宪章》和《关于原真性的奈良文件》。西方发达国家对于老城的保护走过了一条从单纯保护文物古迹、历史建筑到历史街区、城市风貌的道路，保护的思路也从"被动保护"发展为"积极主动保护"。

（一）英、法老城保护制度

英国自 1882 年颁布古建筑保护的第一部法律《文物古迹保护法》至今，经过 100 多年制度的完善与发展，现已制定了几十种相关法规和条款，其受保护的内容也由石头遗址扩大到古建筑、保护区及自然与人类的环境。1967 年颁布的《城市文明法》划定了具有特别建筑和历史意义的保护区，首次在法律中确立了保护区的概念，历史古城可被当作特殊的保护区。同时，《城市文明法》中要求城市规划部门制定保护规划提出保护规定，保护区内的建筑不能任意拆

除，如有要求应事先提出申请，市政当局 8 周内答复，必要时当局可作价收买，区内新建改建要事先报送详细方案，其设计要符合该地区的风貌特点，该法令还规定不鼓励在这类地区搞各种形式的再开发。1969 年颁布的《住宅法》正式确定巴斯、约克等 4 座古城为重点保护城市。1971 年，"城市文明法令"基本上被纳入了《城乡规划法》的体系。1979 年通过了文物古迹和考古地区保护法，关于保护的内容更加广泛和详细。英国关于城市历史风貌保护的立法，体现了立法的完整性，体现了不同系统的法规之间的普遍联系的特征，而法规体系的完整性之于实际的管理和依法实施综合保护是十分有益的。

法国的第一部文化遗产保护法《历史性建筑法案》颁布于 1840 年，这是世界上最早的一部关于文物保护方面的法律。之后，法国逐步形成了从历史建筑和历史建筑周边环境到保护区、景观地和建筑、城市和景观遗产保护区的保护法律法规，与此同时，法国的地方政府根据城市自身特点结合城市规划制定更为详细、深入及有针对性的保护、管理、控制性法规与法规性文件。1943 年通过了一个"历史建筑周边环境"的法律，建立了一个以历史建筑为中心、500米为半径的圆周保护范围。1962 年《马尔罗法令》以法律的形式，从规划和财政两方面对被划定为保护区的旧城区提供保护帮助，使古老的城市中心保持其空间的建筑特征，同时使居民生活现代化。二战之后的法国，城市被战争毁坏，街区残破和肮脏，城市的特色风貌景观消失。1973 年颁布的《城市规划法》使得地方政府根据城市自身特点结合城市规划制定更为详细、深入及有针对性的保护、管理、控制性法规与法规性文件。1983 年法国提出了一种新的遗产保护措施，即设立建筑、城市和景观风景遗产保护区（ZPPAUP），用于以更为合理的保护范围来代替原来的 500 米半径地区。ZPPAUP 应用范围之广泛几乎涉及任何类型的城市或自然地区，只要它具有遗产的价值和特点。迄今法国全国共有 250 个 ZPPAUP，另有 600 个在研究和制定中，总面积大约占 17000 平方公里。

（二）美、日老城保护制度

美国的历史虽短，但十分珍惜自己的历史文物，重视老城和历史性建筑的保护，立法趋于完善。美国的老城和历史性建筑的保护立法始于 20 世纪初。20 世纪 30 年代至 60 年代前半期，为历史环境保护的初期，1960 年实施国家历史性标志景观（地标）计划（National Historic Land-marks Program），1966 年颁布《国家历史保护法》（National Historic Preservation Act），成为美国现代保护的基石，并依照此法建立了历史环境保护的各级组织机构，使得历史环境保护运动得以全面展开。1969 年，美国颁布《国家环境措施法》（National Environmental Policy Act），提出要求研究环境冲击问题，阐明文化资源保护为国策之一。到 1981 年，所有州都制定了历史保护方面的法规，全国至少指定了 832 个历史地段或历史性标志景观。

日本自 1868 年明治维新以来的一百多年里，在历史文化遗产保护方面积累了丰富的经验，其保护制度的发展演变以相应法规的颁布为契机，逐步形成了比较完善的保护法律体系。1950 年颁布《文物保护法》，确立了文物保护制度体系，引进了无形文物的概念，设立文物保护委员会及国家、地方二级指定制度，确立了国家与地方社团的协作体制。1966 年设立《古都保存法》，重点保护京都、奈良、镰仓等古都古迹周围环境及古迹整体环境，明确了古都、历史风土的定义和保护规划的制定，开始实施区域保护。1980 年，《城市规划法及建筑基准法》进行修改，把区域性历史环境保护作为城市规划的一部分。1996 年 3 月，《关于放宽在京都市传统建筑物群保存地区的建筑物的限制的条例》颁布，为保证与城市规划相关的其他法规的横向衔接而进行的必要调整。其他城市的类似地区也是通过城市自己制定的《历史环境保护条例》、《传统美观保存条例》等进行立法保护。

（三）国外保护制度的借鉴与启示

我国老城保护的制度体系主要是由全国性法规、行政法规、地方性法规、部门规章和国际条约等组成的。目前，我国关于老城保护的全国性法规主要是《中华人民共和国文物保护法》和《中华人民共和国城市规划法》。其中，《中华人民共和国文物保护法》对于不可移动文物保护做了较具体的规定，对文物保护单位的环境、风貌也做了要求，但对于整个历史文化名城的保护，特别是将历史文化名城作为一个整体，对其历史风貌、传统文化及环境等的保护缺乏具体的保护规定；而《中华人民共和国城市规划法》中则是原则性、粗线条的对历史文化遗产保护和旧城区改建作出规定。除以上两部法律之外，《环境保护法》、《环境影响评价法》中也有关于老城保护的相关条款。保护老城的行政法规，在保护过程中具有较强的可操作性，目前主要包括：《建设项目环境保护管理条例》和《文物保护法实施条例》以及《历史文化名城名镇名村保护条例》。

相比西方发达国家的保护制度，我国的保护制度不是太完善和严密，主要体现在保护体系和保护内容等方面，我国的保护体系基本上是自上而下的单项行政管理制度，且相应的法律和资金保障制度很不完善。

我国的保护立法体系采用国家立法与地方立法相结合的方式，在文物、历史文化保护区、历史文化名城组成的三个保护层次中，文物保护法律体系相对较完善，历史文化名城保护仅有数量极少的法规性文件，而历史保护区的保护法律体系几乎是空白。国家颁布的各种保护文件大多是以指示、办法、规定、命令、通知等形式出现，缺乏正式的立法程序，从文件的发布到执行都不规范。此外，保护文件所涉及的内容的深度、广度不够，随意性较强，缺乏操作性。在具体的实施中往往难以落实。保护文件对具体管理操作所涉及的问题不够明确，如保护中具体范围的确定方式、保护管理机构的设置与运行程序、监督、反馈机构设置与运行程序、保护资金来源与金额比例及违章处罚规定等具体内容。

第三节　小结

通过老城保护的理论研究可以看出，西方国家在经历工业化、城市化进程后，其老城保护更加注重统筹考虑历史遗产及其所依存的自然环境和生态格局，注重城市历史文脉的维系，保护与更新发展相结合，突出体现老城的整体风貌特色。在保护过程中将老城及其所处的城市视为复杂且具有多样性的集合系统，借助且超越相关控制规划的制定，在城市管理层面寻求保护与更新发展的辩证关系与平衡点，依托文化塑造城市特色，探索可持续发展的积极、科学的保护模式。

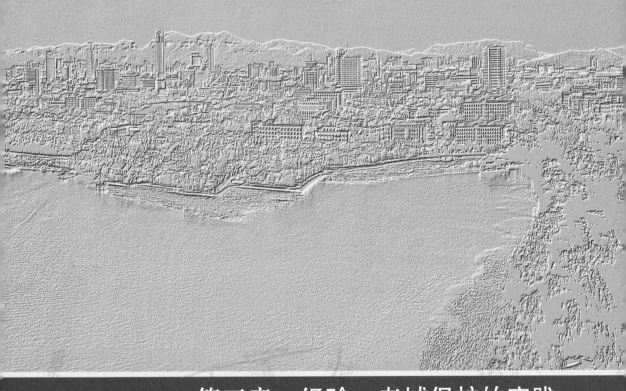

第三章　经验：老城保护的实践

　　自工业革命以来，新技术、新材料的运用和现代主义建筑的兴起，颠覆了原本鲜明的地域差别，使世界各地的城市面貌趋于雷同，现代交通工具的普及使得地球的距离逐渐"缩短"，同时也对传统城市的空间尺度带来了巨大的冲击。在此背景下，如何保存积淀了地方历史与文化的老城传统风貌，是全世界在发展社会经济的过程中所必须面对的共同课题。纵观国内外的老城保护实践，其中不乏对我们有借鉴意义的成功案例。总体而言，对老城的保护和更新以控制建筑高度和城市容量为必要前提，同时大力倡导老城保护的全民参与和社会支持。不同的国家和地区在具体的操作模式和管理方式上各有侧重，可大致归纳为原真性保护、格局与天际线控制、设计导则控制和功能重构与再利用等几种模式。

第一节 国外老城保护实践

一、"露天博物馆"式的原真性保护模式

对于具有特殊历史价值、形态保存完整的典型老城，国内外多数采用对现状的绝对保护，即对其原有的格局与建筑严格保护，保证城市的原始风貌，同时适度改变城市的功能，形成以旅游、商业服务为主的历史风貌区。这一类区域基本上是历史名城中最具代表性的传统特色街区，有着较高的传统审美与历史价值。这种保护模式将地段内的建筑进行复原与修复后，连同人们的生活也一起保存起来，以供人们参观体验和观光旅游。这类街区路网格局、建筑风貌、街巷景观基本都完好的保存下来，并且质量较高，较完整，生活习俗、文化、艺术，也都得到了很好的延续，较少受到现代城市化的负面影响。

（一）完整保护城市历史遗存

现代建筑更大、更高的发展倾向不可避免地会破坏传统城市的空间尺度与面貌，而整个社会的经济发展似乎又离不开城市的现代化发展和建设，因此，对于这些凝结了人类历史与文化的古城而言，脱离老城、另辟新区不失为目前保护老城的一种较为行之有效的模式。意大利首都罗马是欧洲最古老的城市之一，是古罗马帝国（公元前30年至公元476年）的发祥地和首都，自古以来以其悠久的历史和绚丽的风光名扬天下，位于罗马市奥勒利安城墙内的老城区（亦称罗马老城），是当今世界上一国首都内完美保存古城建筑结构的典范。罗马历史中心区面积占现在罗马市的40%，是该市12个行政区之一。从高空俯瞰该中心，罗马古城犹如一巨型的露天历史博物馆，7座山丘上，珍贵的古迹和古建筑比比皆是。可以说，罗马城市的每一个角落都代表着这个城市的历史，罗马城作为行政和旅游中心，城市历史上一直按新城围绕老城的传统模式发展。但经过一段实践后发现，城市新的发展必须避开古城。因此，在第二次世界大战前罗马人就确定了城市在旧城快速干道以东发展的原则，即开始按照新城在老城的一侧或几侧发展的模式进行规划设想。罗马古城区把现代交通限制在古城之外，没有高架、高速道路，主要发展地铁，使城市的建设、城市的发展尽量远离历史文物古迹。工业则继续坚持以生产原料消耗少的轻型产品为主，并配置在古罗马城外围，特别是在城市西南、东部和新罗马城郊区。为了保护罗马古城，对老城区划定历史保护区，制定专门的保护政策。如果是国家规定要保护的历史建筑，必须原貌保护。对不可恢复原状的，在不损坏现状的前提下，加固维修或制作复原模型。通过上述措施，罗马老城的格局、街道和建筑都被完整地保留下来，古罗马城得以较为完整的保护（图3-1，图3-2）。

图3-1 罗马的街道图

图3-2 从圣彼得广场鸟瞰罗马老城

德国的海德堡是位于法兰克福南部内卡河边的一座古城，是14世纪欧洲文化中心之一，当地规划部门从全区域性角度对老城进行了保护：一方面是保护外围区域整体环境，与其西北部的曼海姆市一起制定发展计划，从工业布局、区域交通等方面疏解老城的压力。对老城东部的森林山区进行严格保护，保持原始的自然状态，保证了老城与自然的良好协调关系。另一方面是考虑在发展中将城市发展区

图3-3 约克镇街景

划定在老城的西部即下水下风位置，保证了老城的规模及城市基本形态的原真性。

与海德堡类似的还有英国著名的古城约克，从古城墙、到古街巷，从石头街到海盗博物馆，再到废墟的克里夫顿塔，约克处处展示着历史，而稍远离老城的时光隧道则将历史与现在紧紧地交织在一起。约克古城保护的，不是僵死的几个景点，也不是死气沉沉的圈围起来的老建筑，而更多的是生机勃勃的古城古街。约克保留了至今仍在走人的石头街，小巷也大多是鹅卵石铺砌的行人街道，鱼市、肉铺、面包店、打铁铺等传统建筑基本保留了中世纪的原貌。整个约克的街道、建筑、生活充分体现了原汁原味的英伦特色（图3-3）。

（二）保护城市特殊地貌及城市尺度

前面所述的罗马、约克等古城因其完整的代表了一个城市甚至民族的历史而被完整地保

护下来，而还有一些城市则是由于独特的自然地貌与城市的紧密结合而被原真的保存，这些城市的建筑被原貌保留的主要原因不在于其自身的历史和价值，而在于建筑与自然互为依托、浑然一体，不可分割。

意大利"水城"威尼斯以其独特的"水街"、"水巷"与城市完美的融合而著称于世。在现代大规模城市扩张的发展背景下，威尼斯的城市发展规划始终注重对自身的地域特色及整体风貌的保持和挖掘，且将它统一于城市的肌理中。威尼斯至今唯一的交通工具仍然是船，使得城市的尺度避免了现代机动车交通带来的巨大变更，其城市特有的狭小尺度得以延续。除了整体保护自然景观外，威尼斯还十分注重保护优美的城市天际线，凸显城市标志性城市文化景观。威尼斯古迹文物众多，有著名的圣母玛利亚—萨卢特教堂、欧洲乃至"世界最美的广场"——圣马可广场，还有120座教堂、120座钟楼、64座修道院、40座宫殿及多处博物馆、剧院。严格的建筑高度控制将散布全城的历史建筑连为一体，保证了城市总体风貌的完整与地域特色的延承。美国学者刘易斯·芒福德曾将城市比作"人类文化的记录簿"，威尼斯政府深谙此理。政府为保护城市独特的文化生态系统，并非盲目地花费大量的财力、物力与人力，而是通过谨慎规划和严格整治有意识地进行干预，同时以法律和物价等手段控制游客人数。这些举措有效地保证了威尼斯自然环境、人文环境，实现了社会效益与经济效益的可持续发展。

二、保存城市格局基础上的天际线控制

（一）以重要历史建筑为节点的城市视觉通廊控制

以老城内遗存的、能够代表城市历史的重要建筑、构筑物、自然要素为点，相互的视线联系为轴，形成贯穿老城的城市视觉通廊，凸显老城的历史底蕴和地域特征。为保证视廊的连续性和可视性，通常以视廊连线为轴，根据不同的距离，对后续建筑的高度有着不同的限制，在视廊主要控制范围内，建筑高度具有严格的限制，在此范围以外可适度放宽。从而保证在相对开阔的视野中对主要节点的保护，而不是将地标性的历史遗迹夹杂在高层建筑的夹缝中保存。

英国的伦敦市区以圣保罗主教堂和国会大厦为主要节点，提出了战略眺望点规划，这些眺望点均为城市形态完好、公众参与性强的公园、广场等开阔地。对有可能影响两个节点的任何新建筑和发展规划必须服从三个视觉通廊的要求：视觉走廊、较广泛的协商区和背景协商区。视觉走廊是为保护地标点的形态完整性而设立，主要是眺望点与设定宽度在300米的地标之间的连接区域，眺望点标高与地标点标高所构成的三角面为建筑高度控制平面（图3-4、图3-5）。"较广泛的协商区"是在视觉走廊之外的一定距离内进行控制。"背景协商区"限制较为宽松，但仍保证新建筑对地标天际线没有影响。

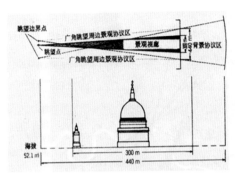

图 3-4　伦敦视廊宽度及控制点（圣保罗教堂和国会大厦）
示意图

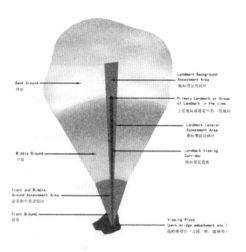

图 3-5　2005 年视觉评估范围图

德国的汉堡在城市天际线的控制中着重强调了对圣米歇尔大教堂等五个大教堂尖塔所形成的城市天际线的保护，对新建建筑体量的控制有明确而严格的规定，在市中心不得建高层建筑，所有建筑高度必须低于上述五座教堂的尖塔，保证它们成为城市天际线的制高点，使得从市内阿尔斯特湖边向南望去，耸立天空的五个塔尖成为汉堡市最为突出的景致。

巴黎市根据不同情况下的保护属性及景观的特殊性，采用了远景、全景、框景三个不同层次的控制，将全市划分为 67000 个地块，规划部门规定无论老城进行任何改造、地块的外部边界及景观不得改变，这样就保证了城市街道格局的稳定，保护了整个城市的格局及景观形象。为了突出城市的主要景观轴线，巴黎全城进行了限高规划，防止视觉污染。以巴黎圣母院为中心向城市边缘，作由低向高的锥状高度限制，中心区限高为 12 米，外部最高处为 37 米，使巴黎的空间尺度及城市天际线均可保持传统的形象。在巴黎北部著名的圣心教堂所在的蒙马特尔区保护规划中，也特别强调了朝向巴黎城和郊区的视觉通廊的控制。

（二）以古城街巷建筑轮廓为基础的城市天际线控制

在欧洲很多小城镇中，并没有类似伦敦或巴黎那举世闻名的经典古建筑，但其城内的诸多街巷至今依然保持着完整的传统风格与尺度，这些现存的建筑形成了特征鲜明，富有性格的城市天际线，成为老城保护的重要依据。波兰的克拉科夫市的规划将老城原有的内城城墙及其以外的 100~300 米宽度范围拓为环城绿地，以著名的圣玛利亚教堂和瓦韦尔宫等历史建筑的不同风格的尖塔为制高点，老城内严格保持着过去街道的格局，沿街两旁的建筑以整修为主，整体保留了完整的地域特色。在城区能看到老城的地段，均进行了视线和建筑轮廓线的精心规划，无论是在瓦韦尔山丘，还是现代立交桥上，俯览老城依然是大片横向的古老街区与高耸的教堂尖塔组成的古城轮廓线和传统格局。

（三）以传统城市肌理和天际线为制约的城市更新

对于多数城市而言，老城内的建筑质量参差不齐，往往不具备整体保护和修缮进而改造使用的条件，除重点保护的历史建筑之外，需要大量的拆除和重建工作，在此过程中需要保护好传统的城市肌理和长久以来形成的代表城市特征的天际轮廓线，对新建建筑进行有效的限制。通过制定规划，限定土地的使用要求和建筑功能以促进城市土地混合使用和老城街区的发展为主要价值取向，着重对新建建筑的高度、退界、体量、立面设计等进行详细的规定。例如檐口高度与相邻历史建筑的高度关系；坡屋顶的倾斜角度及屋顶形式等。

德国的亚琛市经过自 2 世纪至 9 世纪的长期发展，形成了根据主导风向设计的西南—东北道路网络，同时出于宗教需要，建筑统一按东西向建造，从而形成了诸多极富特性和变化的三角形广场。由于 17 世纪的全城大火和二战，该市先后经历了两次整体重建过程，在城市重建过程中，都毫无例外的严格遵循了城市传统的平面格局。同时从空间上以城内古老的哥特式教堂为制高点和控制中心，保留了历史所遗留的城市轮廓线，由于对建筑高度的严格控制，从而构成了错落变化的天际线。

法国的南特市在对老城的改造和更新过程中，着重保护了城市整体结构的可识别性，中世纪的教堂尖顶和 18 世纪建成的新古典主义建筑群形成了略有起伏的城市天际轮廓线，沿卢瓦尔河的福斯岸线形成了特征鲜明、富有欧洲古典主义情调的城市景观。对城市现存的不同时期建造的质量不一的建筑，通过立法分级的方式，对历史文物进行精心严格的保护；对具有较高艺术价值、限定并围合了城市重要广场和街道的建筑进行修缮，禁止拆除或改变；对构成城市肌理连续性的一般建筑根据自身质量进行修缮和更新；对于质量较差影响城市发展的建筑进行拆除和新建。通过这种方式，确保了城市历史文化的真实信息得以延承，同时促进了历史街区与时代的衔接，推动了社会的更新和发展。

三、设计导则指引下的城市更新

（一）设计导则的内容和作用

设计导则是在制度性的区划法令基础上，对建筑更新的具体设计实践作出详细指引与控制的规范性文件。相对于保护条例，设计导则更加具体和灵活，可以针对保护目标，提出实现的多种可能途径，构成多路径式的引导方法。在制度性的保护条例之下，设计导则更加注重对地方历史文脉的探索，以一种动态保护的视角，以一定的限制条件为前提，既有统一标准又有一定的宽容度，允许业主进行新的发展，从而保证该区域持续的活力，防止社区的衰落，使得业主的个人权益和老城的历史环境都能得到有效的保护和延续。

设计导则控制的重点要素因时因地而不同，大致内容主要包括：建筑高度、建筑正立面比例、立面洞口的比例、立面虚实节奏、建筑间距的节奏、入口或门廊等突出物的节奏、建筑材料、建筑质感、色彩、细部、屋顶形式、墙面连续性、景观、地面铺装、尺度等。

（二）在老城保护中的实践运用

对风格与色彩严格限制的导则：弗吉尼亚亚历桑德罗市规定在保护范围内的任何加建都应当采用传统式的设计，以与整个区域的风格相协调；圣达菲地区不仅规定了建筑的色彩范围，而且对于沿街的洞口开设数量也有规定。

对沿街建筑的尺度、密度、材料的控制：在萨凡纳和费城社会山等地区，保护设计导则不强制要求街道立面风格的统一，允许在传统风格的建筑中插建一些风格截然不同的现代设计，但对其尺度有严格的限制。这种较为宽松的导则利于表达建筑个性和反映时代特征，同时延续了传统的城市肌理，加强了各历史地段不同的形象特色和空间性格。

着重对公共空间的设计引导：英国诺丁汉城市中心老城保护过程中，在重要历史线路上拓展步行区域，通过建筑底层所创出的人行通道、步行街道、广场等公共空间串联起单体遗产的"点"，通过相应的设计导则控制街道景观、街具数目以及表面材料等城市景观的设计。

保留旧城的形式与精髓，更换外表的材质，把破旧的"旧城"变为全新的"旧城"：二战中，日本很多城市遭到轰炸，新建的建筑众多，但是大多风格仍沿袭旧城。事实上，由于历史上长期使用易腐朽的木结构且震害较多，定期或不定期将有价值的传统建筑物拆除，再按照原样重新翻建，在东京已是较为普遍的习惯性做法。

四、历史街区的功能重构和再利用

（一）历史街区的困境与潜力

老城的历史遗存是城市景观和地域特色的重要组成部分，历史风貌建筑以其独特的历史和艺术之美成为城市生活的精致背景。它们在不同的社会和时代应具有不同的角色和意义。随着现代城市郊区化的加剧，原有的城市中心区因其狭小的尺度和配套设施的欠缺逐步丧失了活力，街区环境日益恶化。通过对老城街区的整治和市政设施的改善，对街区内的旧有建筑进行改造和功能重构，能够再现老城中心区的活力，提升城市形象，同时刺激旅游业的发展，成为城市中心区复兴的增长点。

（二）实践案例

自 20 世纪六七十年代以来，西方许多国家都已经成功地进行了城市中心的再利用，如美国波士顿的昆西市场、普罗维登斯的学院山、纽约的 SOHO、费城的社会山、安纳波利斯、查尔斯顿，法国的阿维尼翁、巴黎的马莱区、伦敦的巴比肯、热那亚的老港等。在这些城市的老中心区改造中，建筑外观被尽可能地保留，内部大多被改造成商业步行街，通过各种形式的连廊、中厅等将原有小尺度、较为分散的建筑连为一体，使其更好地适应现代生活的需要。拆除破败及不符合老城面貌的建筑，扩展为开放的商业广场。诸多具有特殊意义的建筑构件及室内装饰也得以完好的保存，从而形成了富有趣味和特色的商业空间和不同性格的场所，商业活动的复苏带动了老城中心区居住条件的改善，使得旧有的中心区恢复了往日的活力。

在英国纽卡斯尔的格兰吉尔老城保护中，主要采用了功能置换、"立面主义"保护、沿街商铺整治等方法，将历史建筑进行翻新，配置以新的功能以达到再利用的目的，大批历史保护建筑被翻新并被转换成办公、住房、酒吧以及宾馆等不同功能的建筑。在建筑的修缮和维护过程中，"立面主义"的运用是主要的技术手段，即对具有历史意义和建筑价值的建筑外立面（一般是沿街的一面）进行保护。对于被保护建筑身后（即非沿街建筑）不符合当代建筑功能的老建筑进行拆除，从而为新的开发预留空间。同时亦通过导则的引入以确保新建筑在外型上与整个区域的历史环境及建筑外观保持一致，特别是视觉效果上的一致（如对高度的严格控制和色彩的协调）。但这一做法也引来相当大的争议，从历史保护角度看，单纯的保护沿街建筑立面，而对非沿街建筑进行拆除，对老城是一种本质上的破坏；但从经济角度考虑，大量的历史建筑在功能上已经无法满足现代生活的需求，改建成本也更加高昂，现实的经济因素促使地方政府采用了以经济利益最大化来实现城市复兴的便捷方式。

在格鲁吉亚首都第比利斯的历史中心区改造中，始终贯彻了"全城整体保护"的原则，大规模的城市新区、大型居住区的建设都严格控制在城郊进行，老城内新建的大型公共建筑在体量、色彩、高度上都有严格的法规规定。但"整体保护"并不意味着对老城的原真保留，或者把整条街道改造成某一历史时代的东西，而是把那些保留到今天的城墙遗址和与其紧紧毗邻的民居，按照各自原有的风格特征进行保护。这些民居经过改造之后，有的仍作住宅使用，有的被改作小型公共建筑，如商店、艺术学院的展厅、婚姻登记处、木偶剧院等，使老城的功能构成得到完善，能够更好地融入现代生活。第比利斯的老城改造于 1978 年开始全面启动，1988 年第一阶段完成，其规模之大，速度之快是世界范围内所少见的。但其总体成果非常有成效，其城市的艺术面貌得到了极大丰富，其独特个性得到进一步加强，文化的延续性得到强调，"过去"和"现代"的对话受到重视，历史遗产中所蕴含的建筑空间构图手段方面的巨大潜力，获得社会各阶层的广泛认可。

五、老城保护的政府扶持与社会参与

（一）行政手段的宏观调控

政府通过行政手段参与对老城的保护，如德国的海德堡市由政府收购那些得不到修缮的房屋，经维修后再出租给个人使用。在维修过程中，老城的每一幢建筑无论新旧，外观形象都受到保护，内部设施得到维护。例如在英国格兰吉尔的老城保护中，英国大量的公共机构为项目提供了资金保证，为保护工作的顺利进行起到了决定作用。在威尼斯，为了鼓励社会力量投资于城市历史遗产的保护，当地政府规定，国内外企业只要投资于当地历史古迹的维修工作，就能在市中心繁华地区获得展示自己广告牌的机会。目前进行投资的大多是一些时尚品牌，他们注重在游客云集的区域进行宣传，因此态度相当积极。通过这一措施，威尼斯市政府在 2005 年到 2010 年期间收获了 1150 万欧元的资金，这笔资金为保护当地的文化遗产发挥了巨大作用。无独有偶，罗马市中心的斗兽场新一期维修工程所需要的 2500 万欧元资金也全部来自当地时尚企业的赞助。

（二）经济上的多渠道支持

老城保护工作必须有经济保障才能顺利进行，对于那些有重要价值又属于公共财产、被公共组织占有和使用的文物，通过政府财政支持进行有效的维护，较为简单易行。而对于那些私人或企业占有的具有重要历史价值的建筑，各个国家的政府主要采用各种税收调节的方式来推动文物古迹的维修。如波斯坦市文物建筑的拥有者可得到减免税收（个人所得税、地皮税）的优惠，必要时政府可给占有者进行维修的费用，德国文物保护资金会也可供个人申请资助。巴黎政府为历史建筑占有者维修提供优惠贷款，提供临时周转用房，同时成立咨询机构帮助提供免费的设计咨询，以帮助政府实现对老城保护和整体规划的意图。维也纳于 1984 年设立了维也纳土地准备城市更新基金（WBSF）对城市建成区内的住宅改善提供建议、协助，并对学校、店铺等设施提供资金补助。

（三）公众参与

吸引公众的参与，使老城保护真正成为整个社会的共识。居民是老城的最大受益者和最基层的体验者，也最有权来审视和评价城市环境的优劣。欧洲国家各城市普遍重视市民力量在古城保护、历史建筑保护工作中的作用，往往通过积极主动、深入细致的工作，将政府对老城保护的意图和目标、工作计划、保护方法等宣传到市民中，促使市民主动参与，与政府共同实现老城保护的目标。同时，多方参与的机制也有利于协调各方的利益以寻求共识，从而奠定项目决策、实施的基础。德国的波斯坦在普通民居的保护方面，动员民众参与古宅保护，变精致的观赏性历史建筑为正常使用的住宅，居民主要职责是维持古迹的原貌，进行日常的维护保养工作。德国的许多城市在二战末期都曾遭受战火的轰炸，战后政府关于建筑物私人所有的法令规定，住宅所有者在修缮建筑物的时候可以得到政府的支持和帮助，政府也会有权利和义务对建筑物的修缮提出意见。因此，欧洲民众的传统文化意识很强，都以居住在老房子里感到骄傲，而并非争相购买最新的住宅。在日本，20世纪60年代历史风土环境所遭受的极大破坏，使人们逐渐自觉认识到历史环境的重要性。公众纷纷开始自发成立各种民间团体，从地方到全国成立了不同层次的组织。其中影响较大的是"全国城镇保存联盟"、"全国历史风土保护联盟"等组织，这些团体在专家的协助下，通过向行政当局进言、向议会请愿、向民众呼吁等形式，使国家立法、政策有了根本性的改变。同时，公众和民间团体还积极参与保护实践。在保护区的具体实施中和当地主管部门主动协调，共同制定当地的保护措施和发展方向，使政策的制定更具有操作性。总之，国外的公众参与对历史文化遗产的保护起了极大的推动作用。

六、国外实践对我们的启示

保护历史文化是历史的潮流，也是社会发展、文明进步的需要。

在国外，尤其是欧洲，由于社会经济、文化都比较发达，很早就开始了历史街区更新改造的探讨研究。19世纪以来，更是从理论上、实践上进一步深化和加强了历史街区的保护研究。而我国由于封建统治、内战混乱等原因，历史街区的保护更新工作开展得比较晚，而且时断时续。因此国外历史街区的保护研究有很多值得我国借鉴和启迪的经验，同时，我们也可以吸收世界文化历史街区遭破坏的教训。以史为鉴，以夷为师，将自己的经验教训和外来的经验总结相结合，就一定能找到适合我国自己的保护方向和出路。

国外的经验教训有以下几个方面：

1. 国外对于历史街区中少量保存完好的历史性建筑以保护和修复为主；对一般的历史性建筑，在保护传统风貌下进行因地制宜的改扩建；对历史性建筑集中地段，采取整体保护措施；对于废弃而不用的历史建筑群进行综合治理。在不同的街区根据各自的条件进行适宜的调整和更新。

2. 国外现在已经有了比较完善健全的历史街区的保护制度和管理体系，以及相关的政策法规，这使得保护历史街区有了法制的保障。

3. 国外公众对历史街区的保护意识和积极参与性，对待街区文化历史的正确态度，自动成立的保护组织都是值得我们学习借鉴的方面。

他山之石，可以攻玉，希望国外的实践经验能使我们在历史街区的改造更新中少走弯路、避免损失。

第二节　国内老城保护实践

一、"冻结式"保护模式

（一）保护思路

这种模式主张对现状的绝对保护，是一种较为原生态的保护方式。是在保持原有的格局基本不变的前提下，将地段内的建筑进行复原与修复后，连同人们的生活方式也一起保存起来。相应改变城市的功能，形成以旅游、商业服务为主的历史风貌区。在此基础上改善街区的基础设施、改善居民的生活水平和环境条件，重新焕发出街区的活力。这种方式的保护是可以将老城打造成以供人们参观学习和观光旅游的地区。

（二）实践

这类保护实践有云南丽江、山西平遥、江苏周庄等地区。对于我国平遥古城的保护，联合国教科文组织世界遗产委员会对它做出了高度评价："平遥古城是中国境内保存最为完整的一处明清时期的中国古代县城的原型"，"平遥古城是中国汉民族城市在明清时期的杰出范例，平遥古城保存了其所有特征，并且在中国历史的发展中为人们展示了一幅非同寻常的文化、社会、经济及宗教发展的完整画卷[①]"。

云南丽江是将保护和利用相结合，促进丽江古城的可持续发展；坚持整体保护的思想，重点保护和恢复古城传统环境和风貌；将古城建筑分类，提出原样保留、局部改造、加固、拆除、恢复重建等不同措施；既保护历史环境，又维持并发展其社会功能，改善城市基础设施，提高居民生活质量。在保护路、水、桥、民居等古城的主要构成要素及其历史环境的同时，调整古城内不合理的用地，改善居住环境、交通条件，完善基础设施，提高防灾抗灾能力，达到人、自然、城市的和谐统一，保证古城的可持续发展。

（三）保护启示

这一类区域基本上是历史名城中最具代表性的传统特色街区，有着较高的传统审美价值，但是这类街区往往不会位于城市中心区，基础设施较差。这类保护方式适用于街区路网格局、建筑风貌、街巷景观基本都得到完好保存，并且质量较高、较完整，生活习俗、文化、艺术也都得到了很好的延续，较少受到现代技术的影响的区域。

---

① 张桂泉. 平遥古城. 广州：广东旅游出版社，2003.

二、"古城保护与新区建设并举"模式

(一) 保护思路

这类保护与更新的思路大致为新旧分离、全面保护、严格限制、普遍改善相结合。即全面保护古城风貌，将古城与新城分开，在古城内严格限制建筑的密度和高度，古城内普遍改善生活服务设施，发展旅游业，保护古城的同时保持古城的活力。两者既紧密联系，相互依存，又相对独立，互为补充，各具一定的城市物质要素和运行功能。

古城充分发挥并完善其历史、文化、居住、旅游、传统工商业的职能，是城市经济、文化、商贸、旅游中心。建设新城只是保护古城的一个必要条件，居民的工作、生活和社会活动的需要对古城提出了现代化的要求，古城保护除控制城市容量、优化城市环境外，另一个重要内容是优化古城职能，实现古城设施和居住的现代化。

(二) 保护实践

苏州市是举世闻名的历史文化名城，精致的古典园林、江南水乡特色的城市格局与风貌更为她增添了无穷魅力，这些优秀的文化遗产作为一种不可再生的文化资源，越来越受到人们的重视。但苏州古城街区中的生活环境、设施较差，这给居住生活带来不便，也影响了整个古城风貌的保护。

苏州古城保护首先从城市整体出发，严禁不协调的建筑在苏州古城内出现；另一方面为了适应自身现代化的发展要求，采取了一种跳出老城区另拓新区的模式，对历史文化名城的保护方式采取了"保护古城，发展新区"的较为成功的发展战略。

在古城西侧开辟新区，实施高新技术、经济开发、新城区"三位一体"的新区建设构想，将政治、经济中心外迁至新区。1994年又在古城东侧开辟新加坡工业园区，形成"古城居中、东园西区、一体两翼"的城市格局，城市建设的重点转移至古城东西两侧，从而大大减轻了古城区的人口、开发和建设压力。

苏州古城首先从单体出发，按照"传统的风貌，现代化的设施"进行改造，取得成功后将其扩大到整个地段，如桐芳巷地区，按"保留、更新、改造"三个层次，保护与开发并举，实行有机更新。在此基础上逐步扩大到古城区，按街坊范围进行分片实施。在"重点保护、合理保留、普遍改善、局部改造"方针的指引下，改造后的街坊改善了居住条件，繁荣了地段经济，完善了市政工程，完整地维护了原有街巷的格局和风貌，使整个古城的空间肌理得以保存和延续。

2003年，苏州古城保护与更新项目被评为2002年度的中国人居环境范例奖和迪拜国际改

善居住环境最佳范例奖。这些都充分印证了苏州古城保护与现代化发展的完美结合。

（三）保护启示

"新旧分离"的城市发展模式极大程度的保存了古城风貌的完整性，又不抛弃古城，古城通过发展旅游业依然保持了城市的活力，同时通过对新旧城交通要道的连接，也保持了两者之间的可达性。有了新区，古城的保护和更新便显得从容不迫：维持旧城原有的风貌和肌理，逐步改造旧城区，在一定范围内有计划、有步骤地进行持续性的更新，使之适应现代生活的需要。

但是，这样的改造模式也存在一定的问题。如古城内未更新区域存在巨大的改造压力，老街坊内居民居住生活条件的恶劣与现代化发展需求不相适应。现代化发展造成城市机动车辆的急剧增加，古城交通出行和道路问题以及古城与新区之间的交通联系问题日益突出。

三、"有机更新"保护模式

（一）保护思路

1979 年，清华大学的吴良镛先生在进行北京什刹海的规划研究中首次提出了有机更新理论。有机更新理论认为：旧城区长期形成的有认同感的城市格局及文物价值、情感价值等很容易在不加区别的"大拆大改"中轻易地丧失掉，而小片改建有利于对环境作细致的研究和判断，因此，我们应当把城市设计和更新整建的尺度放在一个有限的范围内，使其成为一个逐渐增长更新的过程，而不是大面积的一次性再开发。在每一小块的更新过程中必须将它置于整个城市形体环境的构架上来考虑，使插入建筑与城市环境有持续性的历史序列。这样的增长和更新才是"可读的"和"可记忆的"。

有机更新理论的核心思想是：作为城市细胞的住宅与居住区是文化名城的建筑物质环境的重要组成部分，它本身原有的肌理与质地在城市更新中应该得到保护；城市永远处于新陈代谢之中，作为城市细胞的居住区的住宅总量也要更新，应该在城市规划建设时保留相对完好者，逐步剔除其破烂不适宜者，并顺应其原有肌理插入新的建筑，实现城市的有机更新。

"有机更新"理论主张"按照城市的内在的发展规律，顺应城市之肌理，在可持续发展的基础上，探求城市的更新与发展"。有机更新的思想符合城市可持续发展的要求，也适应了历史文化环境保护与发展的特定需要。它的基本原则，如有机整体（Organic Wholeness）、循序渐进（Step by Step）、审慎更新（Careful Renewal）等，是正确的，也是可行的。

（二）保护实践

古城保护的"有机更新"提出后得到了广泛的认可，并在城市更新中得到了有效的运用，其中由吴良镛先生主持的菊儿胡同改造是有机更新理论在历史文化名城改造中的典型成功范例。

菊儿胡同位于北京老城中心偏北的地段，与北京中轴线的地安门大街有一街之隔，方圆2090平方米，住户44户，约139人，人均建筑面积为7.8平方米，建筑密度83%，有近2/3的住户房屋无日照。在古城改造中遇到了以下几个问题：街道环境差，建筑密度高，建筑质量参差不齐，配套设施严重缺乏，地势低于周边道路80~100厘米，经常积水，属于典型的"危积漏"。

吴良镛先生提出的解决方法是：①分析街道周边8公顷地区的用地性质、道路系统、建筑质量，划分建筑组团，寻找街道和建筑本身的原有构成肌理。②给区内建筑按建筑质量划分等级，保留质量较好的院落，改造建筑质量较差的，拆除破旧危房，并按原有建筑风貌和建筑规模镶入新建筑，最大程度保护城市肌理，最终做到有机更新。③着力提供建筑利用率，增加基础设施建设改善居民生活环境和居住水平。④在四合院改造上着力吸收南方院落特点，以交通道路为骨架组织院落格局，利用壁弄进行分隔，建筑风貌在借鉴原有老建筑的建筑样式的基础上加以改造，力求清新、简朴符合现代功能与技术要求，实现传统建筑文脉的传承。

（三）保护启示

"有机更新"的理论已被国内诸多历史文化名城所接受，成为一种较为流行并且切实可行的旧城保护与更新的理论方法。更新改造城市的过程不应是毫无秩序的，而应是逐步展开、有序进行的，并且应与旧有的环境、旧建筑形成和谐统一。尤其是在旧城的更新中，我们更应该采取"有机更新"的方法，采取逐步整治的方法，不破坏旧有城市的固有秩序，不搞大拆大建，体现历史的延续性[①]。

有机更新理论特别适用于历史文化地区特别是精华地段，只能在保护的前提下，进行小规模的整治与改造。在处理城市与历史文化街区的关系方面，"有机更新"强调城市是一个协调统一的整体，强调旧城居住区更新应当注重保持城市的"整体性"，也就是说，要研究更新地段及其周围地区城市格局和文脉特征，在更新过程中遵循城市发展的历史规律，保持该地区城市肌理的相对完整性，从而确保城市整体的协调统一。在对古建筑的态度上，该理论强调根据房屋现状区别对待：质量较好，具有文物价值的予以保留；房屋部分完好者加以修缮；已破败者拆除更新。

吴良镛先生提出的有机更新理论，适应中国的城市与建筑发展的脉络与城市发展理念，在探索适于中国城市、建筑发展理论方面作了有益的尝试，是我国历史文化街区改造中值得遵循的理论。

---

① 吴良镛.从"有机更新"走向新的"有机秩序"：北京旧城居住区整治途径（二）.建筑学报,1991（2）：7-13.

四、"存表去里"模式

(一)保护思路

这种模式是以保存历史民居建筑的形态为主要目的,功能不保留,根据基地情况加以置换的还原性改造。这种方法在客观上比较真实地从城市平面和立面上再现了城市意象中的历史风貌。

(二)保护实践

以上海新天地广场改造为例,上海新天地位于上海中心区淮海中路的南面,用地范围包括中共"一大"会址所在的 109 号街坊及其南邻的 112 号街坊。街坊内原为低层密集的旧式里弄住宅,建造于 20 世纪初的一二十年代,整个地段反映出较为统一协调的建筑风格与浓郁的里弄风情。改造前街坊内人口密集,建筑陈旧,结构老化,居室内基本无卫生设备,道路不成系统,交通用地紧张,市政配套设施缺乏,居民私自搭建增多,生活环境质量普遍较差。

为了适应时代的发展,重新焕发街区的活力,卢湾区政府会同香港瑞安集团对该街区进行了更新改造。规划明确了严格保护"一大"会址的原有建筑风貌及空间格局,周围建筑改建整修必须尊重历史建筑文脉的基本思想;同时改善地区环境,完善地区配套设施,体现对传统历史地段积极保护的思路。通过旧区的更新改造,以达到复兴革命史迹纪念地的城市活力的目的。

上海新天地项目的成功运作,在保护规划上主要有以下特点:

(1)规划强调对历史环境的保护。在"一大"会址北侧沿黄陂南路的建设控制地带,延续了原先的空间布局结构、路网格局、街巷的空间尺度和传统的建筑风格;基本上将原有的里弄建筑外观原样保留下来,建筑内部通过重新装修,适应了新的商业及公共空间的用途,切实保护了有历史价值、有地域景观特色的里弄建筑;在街坊的改建中,强调对原有建筑风格、历史环境氛围的尊重,严格控制街坊内建筑高度与建筑容量,如改建建筑中坡屋顶、山墙、坊门等特征符号的运用,与保留的传统低层石库门建筑、总弄、支弄布局一脉相承;开辟了兴业路步行街,并与街坊内的广场系列形成完整的步行系统,强调历史保护区的宁静气氛和宜人的尺度,保护了历史文化环境,使人置身其中,依然感到还是那样的似曾相识,亲切宜人。

(2)规划注重对新功能的引入。"一大"会址地区的规划不仅仅是对原有街坊建筑的改造或恢复,还注入了新的内容。在街区改造中,根据城市发展的需求,对街区用地的功能作了相应的调整,增加了多种功能的商业旅游及文化性质的用地空间,突出商业文化、游憩功能。新的建筑、新的城市功能的引入,形成了新的环境特色,让人看到历史与现在的对话,在宁静的生活氛围中平添了浓郁的商业文化的气息,促进了街区活力的复苏,适应了城市的发展要求,体现出鲜明的时代特点。从中我们可以看到,合理地调整用地结构布局,不仅提高了土地使用效率,减少了历史保护区重新开发的经济负担,而且还实现了社会效益、经济效益与环境效益的有机统一。

(3)规划注重环境特色的营造。街区中的新建筑无论在体形、建筑风格、色彩、空间感受上都与旧有的建筑空间环境形成了强烈的对比,这里既可以看到本土特色的石库门建筑,感受地道的里弄风情,也可以领略到颇具异国风采的建筑小品,共享空间,多种文化在此交融,展示着历史与未来、传统与现代的对话与交流,记录着时代的发展,新与旧的融合,也反映出里弄街坊的历史演变过程,形成了独具特色的街区文化环境。规划中布置了绿化开敞空间,停车场地,疏散了交通压力,既满足了旅游休闲及商业购物的功能要求,也美化了小区的生活环境。

(三)保护启示

作为近年历史街区保护较为成功的实例,对我们有很多可以借鉴的地方,如在传统建筑的保护、历史街区特征的挖掘、环境气氛的塑造、现代生活方式的研究等等,以及从技术到艺术领域提出的建设性设想,令人耳目一新,为历史街区保护作了有益的探索。

新天地处于商业中心区,对其保护改造能创造巨大的经济效益,作为历史街区保护,新天地模式充满了争议,这种模式抹杀了历史街区的真实性和存在的意义,无法将真真切切的人类日常活动维持和继承下来。新天地的改造是一种成功的商业行为,是利用老上海里弄建筑保护名号作出的复制西方建筑和生活模式的"赝品"。

规划沿用了先进的设计理念,采取的是积极的保护态度,不是拘泥于原有的生活形态和建筑功能布局的消极保留,而是立足于重建和再生上海里弄新的城市生活形态,专注于挖掘街区的深层次的历史文化魅力。在社会效益和经济效益的结合上,也开创了新局面。"新天地广场"的建设实质是房产利用,关注的是再生上海里弄生活形态所带来的商业机会。然而正是这种关注,带来了对历史保护建筑和街区进行实质性保护的机会。从传统的建筑保护概念和保护方法看,"新天地广场"的保护性改造为老城区保护提供了一种新思维。

五、"整体风格性修复"模式

(一)保护思路

这种保护方式是在继承城市历史地段传统风貌和建筑肌理的基础上,对历史街区内的单体建筑遗产保护采用原真性修复手段。为了追求历史地段风貌的整体性,在改造添加新"肌体"时力求"整新如旧",在尺度、材质、形式等方面努力与旧肌体保持一致。

（二）保护实践

成都的宽窄巷子历史文化保护区规划就是典型的"整体风格性修复"模式。宽窄巷子地区为清代满城遗留部分，为外来的兵营式布局街巷以及北方胡同建筑类型，是体现成都满城传统民居特色的旧居住区。历史街区内除了保存较好的清代建筑遗产，也存有大量后世修建的各类建筑。在实施改造以前，宽窄巷子内"保存完好和改造较好的历史建筑，占地 7243 平方米"，"原有建筑格局基本保留，但部分构建有一定损坏的建筑占地 2206 平方米[①]"，其余建筑要么损坏严重，要么是后世修建的现代或仿古建筑。可以说少量的具有代表性的近代建筑遗存和大量的当代建筑共同构成了宽窄巷子历史地段的整体风貌。

规划本着"使区域成为具有鲜明地域文化特色和浓厚历史氛围，展现老成都原真民居形态和原生特色宅院的重要的历史文化保护区；成为集历史文化与现代都市文化交融的成都特色商业、文化礼仪、民风民俗、休闲、娱乐、旅游于一体的成都市民参与和体验的多功能的城市文化会所；成为表现当代成都人价值观和生活方式的'活'的人文场景"的规划定位。

宽窄巷子街区分两个部分，一个是面积 80 多亩的核心保护区，区域内近 40% 的建筑将要保留，对它们将采取修缮的方式，按照原有的特征进行修复，并完善内部设施；剩下近 60% 的建筑在保持原有建筑风貌的基础上进行改建，做到"整旧如旧"。二是面积 200 多亩的环境协调区，着重开发，区内原有的大部分建筑予以拆除，纳入到重新开发建设范围内，新开发的建筑将为成都市内最顶级的产品——独立仿古宅院式别墅，其风格、尺度与材料将与核心保护区保持一致，做到"整新如旧"。

宽窄巷子积极地发掘了旧建筑的历史价值，将其转化为商业价值，并实现了保护与开发的统一。寻求历史文化保护街区与现代商业成功结合，是宽窄巷子开发和经营中一个明确的思路。宽窄巷子严格选择引入的项目，立足市场进行专业研究，科学策划，既要经营产业，又要保护资源，对文化旅游产业集聚地进行综合性、专业化的管理。其管理模式，为专业策划和综合管理提供了良好的借鉴。该街区古建筑的保护与再利用存在以下不足：

（1）新肌体加入过多。宽窄巷子虽然定下了"只迁不拆"的基调，但由于在规划过程中对历史价值的认识不足，只有 40% 的旧建筑得以保留，其余 60% 的建筑在保持原有建筑风貌的基础上进行了改建，一些极具川西民居代表性的校官小观园被清除。其中，窄巷子由于新肌体过多而出现了新旧界面分庭抗礼的局面；井巷子大拆大建，空间尺度变化较大。过多的新肌体的加入在一定程度上削弱了街区传统风貌的真实感和历史感。

（2）对部分近代历史建筑的价值不够重视。新中国成立前后的现代建筑与明清时期的建

---

① 尹墨怀，刘沛 . 宽巷子：那些记忆与印象 [J]. 中华遗产，2007（11）.

筑都是宽窄巷子历史风貌的组成部分，记载了宽窄巷子街区的发展历史。在成都宽窄巷子的保护与再利用过程中，片面重视对清代民居风貌的保护，为了"恢复"建筑的纯一性，不惜将后世添加的部分一并清除，这种行为是典型的"整体风格性修复"，有悖于原真性修复原则，严重损坏了原有地段的历史价值和文化价值。这种以建造年代为基准的一刀切手法对街区历史风貌的发展有一定的破坏作用。

（3）商业活动对传统建筑造成一定破坏。改造后的宽窄巷子实现了由单一居住功能向以"文化、商业、旅游"为核心的功能转变，商业化程度较高，部分传统居住建筑也走上了商业的道路，如居民们出于利益的驱动，把住房改为店铺，大量民居被改为前店后宅式。由于商业用途本身的需求与传统建筑结构和整体空间布局上存在一定的矛盾，部分古建筑仅保留了原有的外皮，内部结构的改变较大。这也是对传统建筑风貌的一种破坏。

总的来说宽窄巷子街区的古建筑采取的是保护与开发相结合的模式。部分破损比较严重的古建筑仅保留了原有的外皮，而内部构造和使用功能则通过改造适应商业、餐饮、展示等现代生活形式，实现了老建筑的历史感和新生活形态的文化品位的结合。

（三）保护启示

虽然这种改造方式"恢复"了近代风貌的纯一性，但是不惜将后世添加的部分建筑一并清除，显然是有悖于原真性修复原则，无视整体历史原真性的做法割裂了历史地段发展的脉络，使得历史街区的传统风貌破碎成为一个个不完整的片段与符号，从而对传统风貌的真实感和历史感造成了破坏。

六、小结

综上所述，对国内比较典型的更新改造案例进行了以下梳理：

国内老城保护方式对比　　　　　　　　　　　　表3-1

模式	适用范围	利	弊
"冻结式"	这一类区域基本上是历史名城中最具代表性的传统特色街区，有着较高的传统审美价值，但是这类街区往往不会位于城市中心区，基础设施较差	路网结构、建筑风格、街巷景观均保存完好，且质量较高；生活习俗、文化、艺术等得到很好的延续，较少受到现代技术的影响	这种文物似的保存，不利于建筑及街区基础设施的更新，与现代社会生活的发展有所脱节
古城与新区建设并举	古城区保护较好，遗存较完整，城市有宽裕腹地向外发展	极大程度的保存了古城风貌的完整性，又不抛弃古城，古城通过发展旅游业依然保持了城市的活力	古城内未更新区域存在巨大改造压力，老街坊内居民居住生活条件的恶劣与现代化发展需求不相适应。古城交通出行和道路问题以及古城与新区之间的交通联系问题日益突出

续表

模式	适用范围	利	弊
"有机更新"	适合多处历史文化名城，特别是旧城区及历史文化地区精华地段的更新改造	有利于对环境作细致的研究和判断；符合城市可持续发展的要求，也适应了历史文化环境保护与发展的特定需要	改造持续时间长，改造压力巨大。旧城区面貌不能在短期内得到较大改善
"存表去里"	以商业开发模式导向的旧城区地段更新，功能要符合商业开发要求的区域	传统街巷空间与建筑风貌不仅得到继承，而且现代技术的融入，使历史文化街区更适宜现代生活的需求	部分建筑更新后会出现与传统建筑相冲突的地方，如整体风格不统一、"假古董"等现象较普遍
"整体风格修复"		充分发挥了历史文化街区独有的文化特色，提升了街区价值，改善了街区的环境，适应现代社会生活的发展需求	部分历史文化街区开发过度商业化，传统生活习俗与历史氛围出现较大缺失

从上表中可以看出，无论哪一种保护更新模式，都有利弊。若想尽量降低建筑、街区再利用的弊端，首先要了解街区的性质和类型，从而选择相应的再利用模式。无论哪种类型的街区，其再利用都要以保护为前提。历史文化街区终究要成为现代城市的一部分，若只注重保护而不加以利用，那历史文化街区就会像古董一样存在，不能成为城市中鲜活的一部分，其自身价值也难以发挥；若对其开发过度不仅会破坏街区原有的历史氛围，也会对建筑遗存本身造成破坏，同样也不利于保护。

中国的各地区差别很大，不应有同一价值取向、同一保护与更新的模式。既不能"原封不动"，也不可"推倒重来"。因为这些街区不是文物，不是纪念品，而是人居环境。所以，"保护"与"发展"二者在价值取向、营造观念、技术路线等方面是有矛盾的。当代中国消费水平和消费结构正在提升和变化，不可能设想我们的传统人居环境会一成不变。我们只能因势利导。老城街区的保护、发展、更新、改造，是一个复杂的系统工程，涉及方方面面，汇聚着各类人的价值观和美学观，任何一方的意见和价值取向，都是有一定道理的，但任何一方都不能代替复杂的系统工程的综合功能和系统思维。

第三节 小结

世界各国的城市化进程从开始至今已逾百年，纵观国内外对于老城保护和改造的实践，各国根据自身不同的国情和城市状况，相应的采用了较为行之有效的措施，虽然具体方法各异，但其中也存在着诸多共性，大致可以总结为以下几个方面：

1. 对老城范围的明确界定与划分。

城市作为一个有机体，尽管现代城市化进程对城市面貌造成了巨大的冲击，但新旧之间并没有泾渭分明的边界，因此，对于老城的保护首先需要明确其延伸的广度与范围。然后才能以此为依据对老城核心区、老城边缘以及其辐射范围采取具有针对性的保护策略和措施。一般而言，对于老城核心区普遍采用严格的控制措施，尽可能保持其原本的历史风貌，在老城边缘则应适当放宽，从而和城市新区形成良好的衔接与过渡。

2. 对老城范围内建筑高度及土地使用强度的严格控制。

现代城市对于传统城市风貌形成冲击的根源在于建筑高度的巨大反差和建筑尺度的空前扩大，因此，国内外的老城保护无不把控制建筑高度与容积率作为首要因素，为老城保护奠定坚实的基础。

3. 对特色视廊和景观风貌的保护。

形成城市魅力的主要因素之一就是其所依托的自然地貌，由山脉和水系所构成的城市格局在老城保护过程中必须予以足够的重视和利用，由此所形成的特色视廊也必须予以有效的保护和沿承。

4. 对城市肌理的保护和建筑风格的重新解读。

城市是人类文明的集中体现，不同的文化形成了不同的城市肌理与建筑传统，在老城的保护和改造中，城市的原有肌理应尽可能的得以延续。而对于建筑个体，老城保护并不意味着不加区别的全部采用传统风格与旧有样式，老城同样需要体现时代的印记，采用现代的材料与技术是科技进步的体现，但同时也必须深刻理解地方深厚的文化积淀，从颜色、尺度、构造、材料等方面进行新的诠释，从而延续人们的空间体验，引发其内心深处的场所认同，使老城的真正内涵能够历久弥新、长盛不衰。

5. 对公众参与的重视。

通过对国外老城保护案例的研究可以发现，无论欧洲还是北美各国都十分重视公众的参与，这里的"参与"并非仅指老建筑的所有者或使用者对旧有遗存的保护和修缮，更深层的含义在于让公众真正理解老城保护的内涵和意义，使"老城保护"成为整个社会的共识，进而发动一切可以利用的社会力量参与其中，既能有效地减少对老城的人为破坏和损毁，同时民间资金的自发投入也是对政府财政支出的有效补充。

通过对国内外老城保护理论和实践的深入分析与总结，不难发现，上述案例的成功无一不是源于在不断的实践摸索中对当地切实情况所作出的准确应对，因地制宜的采取了具有针对性的保护和更新方案，我们可以从中概括出老城保护的基本原则和他们成功的原因所在，其总体控制的理念和策略亦具有重要的借鉴意义，但对于实践中的具体措施绝对不能全盘照搬，"橘生淮南则为橘，生于淮北则为枳"，博采众家之长绝非盲目抄袭。我们必须立足本地，充分挖掘济南以泉为魂、依山带水的地域特色，结合我国目前的经济与社会发展趋势，吸取各地老城保护的宝贵经验，以积极的姿态对待珍贵的历史遗存，结合实际工作不断创新，摸索出一条适合本地实际的特色保护与更新的实践方法。

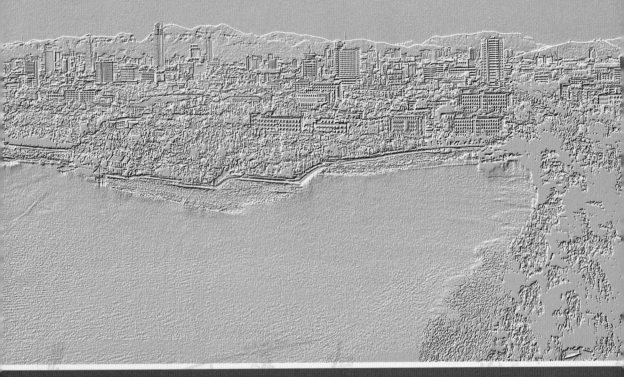

第四章　历程：济南老城保护规划

　　济南市委、市政府始终高度重视和精心呵护独特的景观风貌和历代先人创造的优秀历史遗存，把握城市规划的公共政策属性，充分发挥其对历史文脉保护的基础先导作用，老城保护规划工作不断完善，围绕最能体现泉城特色的老城区开展了众多规划研究，对老城保护工作起到了十分积极的作用，在一定程度上扭转了老城内破坏性建设频发的局面。但是，在选择建设主体、保障规划实施等方面落实不到位，各项规划研究成果的应用情况并不乐观，老城在城市发展过程中所出现的问题在城市发展的新时期仍在不同程度的延续着。偏重刚性的规划，仅仅是延迟了老城被破坏的时间，却扭转不了老城不断衰败的局面，仍旧解决不了老城保护与更新的矛盾。

第一节　济南历史文化名城保护规划体系的建立

在全方位论证，多方面吸取意见的基础上，济南市制定了一系列保护规划，构建和完善了历史文化资源与自然景观资源的保护体系。这一体系在宏观、中观和微观层面上对济南地域文化的传承和弘扬进行了深入研究，有效地促进了济南城市空间发展与地域文化继承延续的有机融合。

一、城市整体层面的保护规划

（一）《济南历史文化名城保护规划》

济南是国务院 1986 年正式公布的国家历史文化名城，1988 年首次编制《济南历史文化名城保护规划》，1990 年上报建设部，1994 年建设部和国家文物局以建规 [1994]534 号文正式批复。该保护规划提出了"一带一片三街坊，五十二点一个网"的简明扼要且针对性强的核心构思。作为我国首批历史文化名城保护规划之一，该规划一出台即得到全国文化、建设、规划部门的高度关注和赞誉。

《规划》旗帜鲜明地提出了济南历史文化名城保护的基本原则："从保护城市特色，保存城市历史文化遗产出发，点、线、片相结合，加强对文化古迹、历史性街区、传统风貌地区的保护，形成名城保护的完整体系"，强调名城保护的重点是"古城区及其自然地理环境、历史性街区、泉水、文物古迹、风景名胜区和城市风貌基本特色"（图 4-1），并指出，要将济南

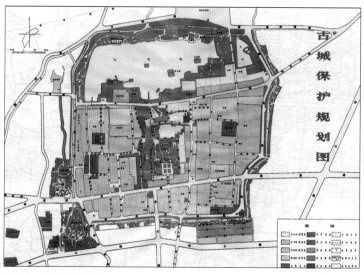

图 4-1　古城保护规划图

最有特色的"山、泉、湖、河、城有机结合",在名城保护和现代化建设的历史进程中,逐步形成"和谐的人文与自然相依存的整体"。《济南历史文化名城保护规划》的出台和贯彻执行,对济南市的名城保护具有重大而深远的意义。

(二)《泉城特色风貌带规划》

2002年1月22日,山东省委省政府召开济南城市建设现场办公会议,提出了把握城市发展大框架,规划建设城市新区,拓展城市发展空间,改善提升老城区的总体要求。济南市委市政府邀请两院院士、清华大学教授吴良镛先生主持指导《泉城特色风貌带规划》的编制工作。该规划从宏观层面上展开,结合城市结构与形态,对历史文化遗存和自然资源进行了深入发掘和系统疏理,提出了"延续光大"的战略构思。该规划研究得到了全面应用,科学有效地指导了城市建设和管理,对济南名城保护具有重大而深远的意义(图4-2)。

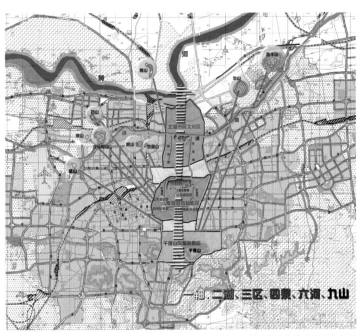

图4-2 泉城特色风貌带空间结构分析

(三)城市总体规划中的历史文化名城保护

在2000年国务院批复同意的《济南市城市总体规划(1996年—2010年)》中,根据情况变化,对《济南历史文化名城保护规划》进行了完善调整,编制了济南历史文化名城保护规划专项规划。该规划深化了历史文化名城保护的内容,提出了从整体上保护历史文化名城的保护重点和保护措施。

济南市新一轮城市总体规划修编完成的《济南市城市总体规划 2010 年—2020 年》中，其历史文化名城专项规划进一步总结和发展了济南历史文化名城保护经验，对保护规划作了进一步延续和深化。该规划提出，名城保护要从继承、弘扬优秀历史文化和保护真实的历史文化遗存及其环境出发，妥善处理历史文化名城保护与城市现代化建设的关系，妥善处理改善居民生活条件与保护名城风貌的关系，坚持整体保护、重点保护和积极保护的原则，以保护古城商埠及其传统文化为重点，建立"历史文化名城、历史文化街区、文物保护单位"三个层次的保护体系。

（四）《名泉保护规划》

2005 年 9 月 29 日，济南市人大常委会根据立法保泉的实践经验，在原《济南市名泉保护管理办法》的基础上，重新制定颁布了《济南市名泉保护条例》，为今后依法保泉，同时也为济南泉水申报世界自然文化遗产奠定了坚实的法制基础。2007 年编制完成了《济南市名泉保护总体规划》、《市区四大泉群详细保护规划》，2008 年编制完成了《泉城特色区泉水保护细部规划》，确定以泉水为主线，老街、小巷为纽带，打造名泉景观，改善和修复原有水系，串联区域散落泉水、泉池，形成泉水核心区的游览框架。

二、片区层面的保护规划

（一）《济南古城片区控制性规划》

2006 年济南全面开展控制性规划编制工作，《济南古城片区控制性规划》（图 4-3）是全市 54 个片区之一，古城片区位于泉城历史传统风貌发展延续轴的中心，为历史文化名城核心

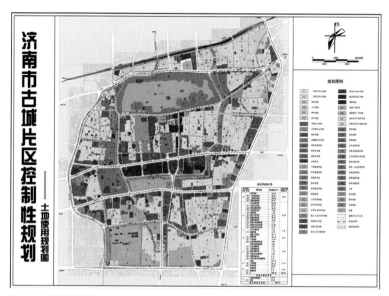

图 4-3　济南市古城片区控制性规划

保护区，并具有行政办公和商业服务的功能。规划遵循区域协调、环境优先、个性塑造、迁居落户、弹性规划等规划理念，确定以古城为核心，保护"山、泉、湖、河、城"古城整体风貌，重现"家家泉水、户户垂杨"和"泉水串流于小巷民居之间"的城市环境特征，保护文物古迹和特色风貌地段的历史形象，延续历史文脉，彰显泉城特色。

（二）《济南商埠区保护利用规划研究》

济南自开商埠后的建设成就在中国近代城市史中具有重要地位，商埠区的制度创新和小网格的格局特征，对今天的城市建设具有重要的借鉴意义。《济南商埠区保护利用规划研究》从历史的高度认识商埠区的价值，分析商埠区的历史文化、城市特色、历史遗存及其发展现状，确定了历史特色风貌保护区和风貌协调区的两层次保护整治体系（图4-4），制定城区格局保护与整治、历史建筑保护与整治，及人文环境与非物质文化保护等对策措施。提出了"坚持小网格的用地模式，促进政务商务、文化创意、旅游服务等多种功能并存，营造具有浓厚近代济南历史文化风貌的宜居历史城区"的保护利用总体方针。

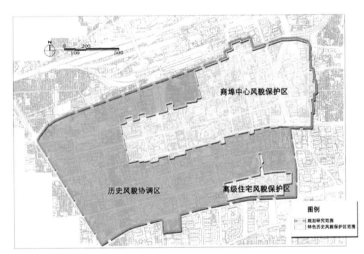

图4-4 济南商埠风貌区历史特色风貌保护区范围划定

第二节 济南老城保护的规划实践

在城市整体层面和片区层面各项规划的指导下，济南市规划局结合济南市实际情况，先后组织编制了一批实施层面的规划成果。这些规划有的已付诸实施并取得了良好的效果，也有的因为种种问题始终得不到落实。其中大明湖扩建改造、文庙修复等一大批精品工程、民生工程相继按规划实施，取得了良好的社会反响。而几个历史文化街区规划、解放阁片区及舜井街两侧修建性详细规划在实际建设中始终无人问津，值得深思。

一、大明湖风景名胜区扩建改造

大明湖位于济南老城北部，是济南三大名胜之一，也是构成济南"山、泉、湖、河、城"特色风貌的重要组成要素，2003年被省政府确定为省级风景名胜区（图4-5，图4-6）。为保护景区资源，与周边区域协调发展，使景区成功地向半开放式城市风景名胜区转型，济南市于2007年启动了大明湖风景名胜区扩建改造规划，旨在将大明湖由"园中湖"变为"城中湖"，拉近了湖与城、湖与人的距离，提升大明湖景区的旅游配套服务功能，进一步强化大明湖作为泉城特色标志区的景观核心作用，创造优美的沿湖植物生态环境，为市民创造风景宜人的休闲娱乐场所。

大明湖扩建改造规划范围东至黑虎泉北路，南至明湖路，西北连接西护城河、北护城河，扩建后总面积达103.4公顷。规划根据大明湖的景源布局特点及游线组织方式，将大明湖风景名胜区划分为水上活动区、环湖游览区及小东湖餐饮服务区三个区域（图4-7），形成"一路、

图4-5　杨柳丝垂大明湖

图4-6　大明湖风景名胜区南门

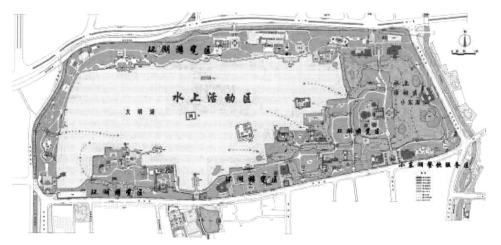
图4-7　大明湖风景名胜区功能分区图

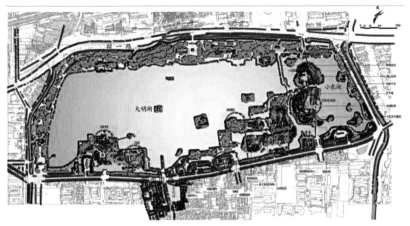

图 4-8　景点分布图

两湖、六园"的空间布局结构（图 4-8）。"一路"指环湖游览路；"两湖"为大明湖主体水面和小东湖水面；"六园"为沿大明湖湖岸线分布的稼轩园、遐园、秋柳园、湖居园、小淇园和民俗文化园。

2009 年 9 月 21 日大明湖扩建工程实施完毕，全面向社会免费开放。工程扩建湖面 9.4 公顷，新建了稼轩悠韵、秋柳含烟、七桥风月、超然致远、曾堤萦水、鸟啼绿荫、明昌晨钟、竹港清风八大景区，恢复重建了超然楼、天心水面亭、明湖居、二郎庙、司家码头、闻韶驿等历史古迹，增辟了老舍纪念馆、仪宾府、秋柳人家等文化展馆，重新建设了包括鹊华桥在内的 20 多座景观桥，开辟出条条河道、绿地，匠心独运，巧夺天工，虽由人作，宛自天成，处处呈现出曲径通幽、溪水映带、水草丛生、鸥鹭翔集的绝好画面。

二、芙蓉街—百花洲历史文化街区保护规划

芙蓉街—百花洲街区位于明府城中心区，南面以泉城路、珍珠泉北墙为界，北临明湖路，东面以县西巷、珍池街为界，西临贡院墙根街，现状占地总面积为 24 公顷。街区南望千佛山、黑虎泉，北揽大明湖，西闻趵突泉，是济南市自然人文的焦点所在。2007 年，济南市规划局组织编制了《芙蓉街—百花洲历史文化街区保护规划》。

（一）规划情况

规划提出了以高起点高标准的定位拉动片区更新、以文化遗产价值评估为基础开展整治的目标，形成了从大山水格局到局部地段的多层次规划设计。

1. 功能结构

功能规划的主要内容是商业功能规划，从城市与街区两个层面考虑。

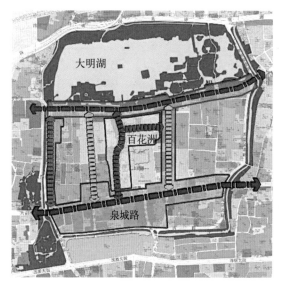

图4-9 城市层面规划功能结构

（1）城市层面

根据现状商业设施分布及未来发展预测，对古城规划为"两横四纵"的商业设施结构（图4-9）。

"两横"为沿泉城路商业轴和沿明湖路休闲文化轴；"四纵"为县西巷特色商业街、芙蓉街传统商业街、省府文化轴和趵突泉北路商业轴。芙蓉街及后宰门街内商业业态仍然强调以小规模、丰富性为主的传统特色商业，并具有一定的展示功能。

（2）街区层面

街区内主要打造四条特色意图街道（图4-10）：

①体现传统商业特色的芙蓉街：主要以小型的特色传统商业为主，在可能条件下鼓励功能用地水平和竖向的兼容和弹性。

②体现传统文化特色的曲水亭街—辘轳把子街：以文庙为依托，发展主要文化性商业及书吧、酒吧、茶吧等文化休闲功能为主，严格限制餐饮。避免造成污染。

③王府池子—刘氏泉—百花洲的泉文化体验街：主要以居住功能为主，辅以少量商业文化建筑和公共开敞空间。

④后宰门传统商业展示街：恢复部分功能，并增加展示原有功能的小型展览馆。

2. 保护更新措施

保护古城整体格局：规划从保护古城整体格局的高度出发，保护街区的完整街巷肌理。保持重要的传统城市公共建筑间清晰的相对关系（图4-11）。

3. 文庙修复

保护规划遵照"必须原址保护"，保护现存文物原状与历史信息，对遗址内已破坏无存的建筑根据文献记载适当的恢复，以便形成完整的文庙群落等措施。

划定西至府学西院街，东至痒门里，北至明湖路，南至马市街和西花墙子街北路口为保护范围，用地面积为1.2公顷。保护范围内原则上不得进行其他建设工程，如有特殊情况，须按法规程序报批。

划定西至贡院墙根街，东至曲水亭街，北至明湖路，南至马市街和西花墙子街北路口为

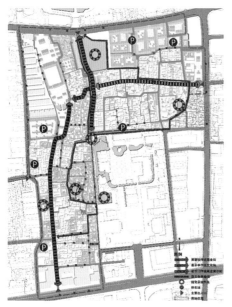

图 4-10　街区功能结构图　　　　　　　　图 4-11　保护规划图

建设控制地带。建设控制地带内的现状建筑物中对总体景观造成不良影响的应予以拆除或改建；新建筑物的外观不得对景区总体景观造成不良的影响。

（二）实施效果

尽管在保护规划的指导下，文庙的修复工作得到了专家学者的一致好评，但文庙为省级文物保护单位，其修复工作相对片区其他的建筑而言具有一定的特殊性。从规划的整体情况来看，芙蓉街—百花洲历史文化街区保护规划成果并未得到有效的实施。

三、将军庙历史文化街区保护规划

将军庙街区位于明府城西北部，南依济南最重要的商业街——泉城路，北接景色旖旎的大明湖景区，历史遗存丰富，地理位置极佳。研究范围东起鞭指巷、西至趵突泉北路，南起泉城路，北至明湖路，基地呈南北狭长形，南北长约 800 米，东西宽约 250 米，总面积约为 20 公顷。2007 年，济南市规划局组织编制了将军庙历史文化街区保护规划。

（一）规划情况

1. 规划理念与构思

规划采取持续性更新的理念，即恪守逐步演化和动态延续的保护理念，采取分块小规模保护与更新的方法，一方面保护历史城区的格局、风貌等历史特征，一方面延伸或延续其主体功能。

"明湖水注，庙堂临风"——保护历史遗存，恢复小明湖，注入新功能，增加展示面（图4-12）。

2. 片区划分与功能定位

整个将军庙地区依据历史遗存状况和规划功能定位划分为南、中、北、西四个片区，分别为传统商业文化综合区（南区）、庙堂文化区（中区）、城墙风光带（西区）、小明湖商办区（北区）。规划设计了一条贯穿南北的功能与景观主轴以及若干条东西向次轴，并通过设计手法使它串联起了各功能区内的文化与历史景点，使将军庙地区成为一个有机的、功能与景观相统一的整体。

3. 街区规划

（1）传统商业文化综合区

将军庙街以南，泉城路以北，鞭指巷以西区域。该区南部紧邻济南市最繁华的商业街——泉城路，区内房屋多为新中国成立后所建，质量与风貌都较差，为充分挖掘地区商业潜能，将该地区功能定位为商业办公和文化娱乐用地。它同北部的庙堂文化区一起构成了将军庙地区最重要的功能性景观区域，它们之间以广场和绿地碧水相连，形成了一个珠联璧合的有机整体，使该片的区位条件与历史文化资源得到了最为淋漓尽致的发挥与弘扬，成为展示历史城区风采的窗口，也为地区的发展注入了新的活力（图4-13）。

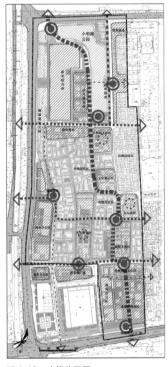 

图4-12　功能分区图　　　　　　图4-13　街区保护规划图

（2）庙堂文化区

将军庙街以北，寿康楼街以南，西城根街以东，鞭指巷及省府西墙以西。将军庙街沿线庙宇林立，应修复区域内部的庙宇历史遗迹，拓展和梳理其寺院格局与轴线，从而使其序列更加完整与优美，游线更加通畅，构建以天主教堂为核心的庙堂文化区，发挥其宗教及民俗文化旅游资源。重点修复区域内部三处市级文物保护单位——天主教堂、题壁堂、陈冕状元府，分别作为教堂活动中心、戏台观演空间、状元文化展示馆。将慈云观开辟为开放式遗址公园，形成一条南北向主轴线，沿线增加一些公共设施、商业、绿地广场等。

区内的一些民居院落无论从整体，还是单体角度都具有较高的保护价值，充分反映了济南民居的特色，可将功能调整为文化展示或商业等，利用原有建筑开设私人陈列馆艺术馆、茶馆、酒吧等项目，服务于游客及地区居民。区内用地仍以居住为主，在双忠泉和广福泉等泉水处增加主题广场与绿地，为居民平时平日生活提供休闲场所，它们作为城市设计要素与功能要素都起到了活跃整个街区的作用。

（3）小明湖商办区

明湖路以南，寿康楼街以北，省府西墙以西，趵突泉北路以东。经考证，该区历史上曾为南湖景区，与大明湖相连，建议恢复南湖以提升片区的生态及历史环境品质。该片区建筑现状多为新中国成立后建设的房屋，质量与风貌都较差，考虑到紧邻大明湖的区位优势与升值潜力，建议对该地区进行整体改造，规划为休闲商业区，结合恢复的南湖水域设置了相应的现代文化休闲及娱乐等功能，充分满足现代生活的需要。

（4）城墙风光带

寿康楼街以南，将军庙街以北，西城根街以西，趵突泉北路以东。片区形状狭长，紧邻城市主干路，现状以新建商业建筑为主，高度6~7层，片区内现存历史城区墙遗址。改造后仍保留片区以商业办公为主的功能定位，拆除沿西城根街的上岛咖啡、婚纱店、乾盛号饺子三栋建筑物，设计成为开敞绿地作为地区的西入口，绿化带向南延伸至历史城墙遗址形成城墙风光带。可利用地段两侧（城墙上下）约2米的高差通过连廊设计丰富空间效果（图4-14）。

（二）实施效果

与芙蓉街—百花洲历史文化街区保护规划相似，由于政府没有足够的财力实施，市场开发单位又对此类"赔本"的保护规划不感兴趣，将军庙历史文化街区保护规划一直未能得到实施。

图 4-14　街区保护规划鸟瞰图

四、王府池子片区保护更新策划及概念规划

王府池子片区位于济南市历下区西部，原济南老城区的正中心地段，北靠明湖路，与大明湖隔路相望；南依济南最著名的商业步行街——泉城路，南望泉城广场、千佛山；西南角为七十二泉之首的趵突泉。该片区是"大明湖—芙蓉街—趵突泉—千佛山"南北纵向中心轴线的重要节点和组成部分，整个片区区位条件好，周围交通便利，四通八达。该片区为济南的老城区之一，基础设施配套较差，居民的居住质量较低。目前城内活力正在衰退，缺乏新的活力生长点。该片区目前的复苏仅仅停留在外表，主要集中在芙蓉街，而该地区的历史文化价值和商业价值没有被真正挖掘出来。

2008 年，邀请东南大学城市规划设计研究院编制了《王府池子片区保护更新策划及概念规划》。整体保护能够体现"人泉相依"的居住氛围的街巷空间，包括街巷肌理、尺度、界面以及特色空间，沟通街巷道路网络，完善路网结构，改善居住环境，通过保护整治以及局部拆除，通过建筑的景观设计等手段完善居住空间，提高居住质量。疏通拓展泉池水系，局部暗沟改为明渠。

同样，在政府无力组织实施的情况下，王府池子片区保护更新策划及概念规划也一直未能得到实施。

五、解放阁片区及舜井街两侧详细规划

解放阁片区位于济南古城东南，规划范围东至黑虎泉北路、西至齐鲁国际大厦、北至泉

城路、南至黑虎泉西路，项目建设用地 13.27 公顷。片区紧邻省级文保单位解放阁，特色鲜明。

2007 年，清华大学建筑与城市研究所编制了《解放阁片区及舜井街两侧详细规划》。规划在完整保留文物保护单位浙闽会馆、金家大院的基础上，对片区肌理和格局特色进行了系统的梳理，基本沿用了传统的院落式布局模式。同时，根据泉城路沿线业态分布情况，布置了部分商业建筑。千佛山、大明湖是泉城特色风貌带的两个重要组成元素，山湖遥望是我市空间形态的主要特色之一。解放阁项目正位于大明湖—千佛山景观视廊范围内，规划还对建筑高度进行了严格的控制。

2010 年年初，解放阁片区确定以招拍挂的方式进行。建设单位早期编制的规划方案在建筑高度上大大超出了规划要求，布局与建筑风格也与古城的传统风貌差别较大。在进行了多次沟通衔接并评审论证后，本着尊重历史与现实、保护与发展并重的原则，规划做出了适当调整，对解放阁西北和黑虎泉西路以北特色街区实行较为严格的保护，严格控制该区域的建筑高度与建筑风貌；适当放宽了泉城路沿线建筑的控制高度（由不超过 45 米调整为控制在60 米左右）。

《解放阁片区及舜井街两侧详细规划》倾注了规划部门与设计部门大量的时间和精力，各方面的评价也都不错。然而从实用的角度来看，《解放阁片区及舜井街两侧详细规划》并未得到很好的应用，在规划与实施方面的矛盾十分突出。为什么会出现这样的情况，需要我们进行反思（图 4-15）。

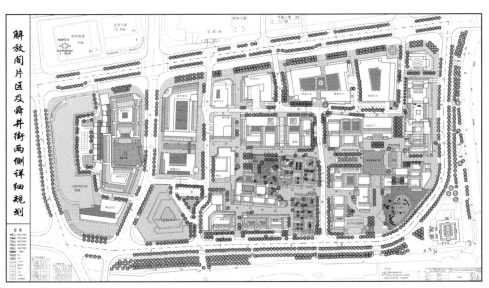

图 4-15　2007 年解放阁片区及舜井街两侧详细规划总平面图

第三节　济南老城保护规划实施的问题

整体而言，济南基本保持了原有历史文化风貌，文保单位建筑得到了较好保存，但是由于城市空间格局关系到城市空间发展的方方面面，过去城市发展所出现的问题在城市发展的新时期仍旧不同程度的在延续，某些方面甚至变得更加严重。

随着城市化进程的加速，在新时期的城市建设中，对城市总体格局的合理性保护经常是让位于城市经济发展的高效性开发，这一现象直接导致了许多保护规划得不到有效地实施。过往的规划，仅仅是延迟了老城衰败和被破坏的时间，仍旧解决不了老城保护与更新的矛盾。

一、人口、功能聚集与历史文化保护的矛盾问题

受过去城市生活方式和长期发展过程中自主更新的影响，老城空间格局的初衷与发展，都与现代城市生活的要求有一定的差距。同时在现代城市生活中，由于其优良的区位度、较高的交通可达性、相对完善的基础设施、丰富的商业配套和娱乐设施、老城一直是城市发展的主角。这种发展由于缺乏足够的约束，常常出现建设见缝插针、房屋破损残旧、居住环境较差、交通阻塞严重、环境污染、市政和公共设施短缺、名胜古迹绿地遭受破坏等严重问题。城市功能过度集中，老城负荷日益加重，城市人口的高密度与建设的高密度无法得到缓解。由于老城能够提供完善高效的服务体系、更多的就业机会，加上市民择居的心理惯性，老城依然是目前最有吸引力的地区，仍然是房地产开发商关注的热点地区。

在历史发展过程中，老城客观上已经发生了很大的变化，这些变化在改变城市面貌、改善人民生活的同时，也给老城的历史文化保护造成了巨大压力与挑战。老城人口持续增长，城市功能进一步向老城积聚，形成了至今仍在困扰我们的传统文化保护和现代化建设的矛盾。

二、老城区内产业与用地布局问题

自 1948 年济南解放以来至改革开放前，济南同我国其他城市发展长期推行的是"变消费城市为生产城市"的建设方针。这一发展战略存在极大片面性，它将不可分离的生产和消费割裂开来，过分狭隘的强调了生产，而忽视了第三产业的发展。由于在老城盲目发展工业，以工业挤住宅、挤市政、挤绿地、挤公共设施，从而破坏了大系统的协调关系。更为严重的是，由于长期的第三产业比重低，造成地方财政收入过低，导致城市经济功能萎缩，整体机能衰竭，陷入城市运行的恶性循环之中。

由于长期对老城区的价值估计不足，这就造成了一些单位长期占据着历史文化保护区，

使保护区内用地结构十分不合理,而现在单位搬迁费用昂贵,单位外迁问题难以解决。在古城区、商埠区内及其周围,由于学校、机关、医院、街道工厂等长期占据部分用地,因用地混乱造成历史文化遗产处于管理的"真空",使历史文化保护单位长期得不到科学的维护与修缮。

一批价值较高的文物保护单位多年被使用单位占用,而使用单位长期不履行法定职责,致使这些建筑类文物保护单位失修严重。部分建筑类文物保护单位因使用单位、使用人乱拆乱建,已破坏了其原有的格局及风貌,如黑虎泉西路的浙闽会馆。

三、老城保护与更新实施的问题

历史文化街区的保护、修缮、整治和更新,涉及房屋权属、人口迁移、保护资金等许多问题,实施难度大。当前,老城保护与更新实施方面的问题已不再是能不能认识到保护老城重要性的问题,而在于既要保护并再现传统民居的特色与风貌,同时在目前的开发体制下还要取得一定的经济回报。

政府组织编制的保护规划,因各种原因常常无法落实,相关法规亟待完善。由于市场机制、房屋产权制度不完善等诸多因素,老城部分地区已出现衰败的趋势,私搭乱建等违法建设情况严重,房屋自然老化破败,基础设施简陋,居民生活条件差。大量有价值的文物和四合院得不到有效地保护和利用。同时,老城人口逐渐老龄化、贫困化。

第四节 小结

进入 21 世纪,济南老城保护的规划编制工作取得了重大进展,一系列保护规划的编制工作初见成效。然而并非所有的规划在实施中都是一帆风顺,有的最终都得到了落实,有的却在实施中产生了变化或根本就无法实施。从前面的实践案例中不难发现,政府运作的项目在实施中对保护规划的落实一般都很好,而市场运作的项目多数会突破原有保护规划。究其根源,主要是在当前政府财力有限的情况下,必须依靠市场的力量开展老城保护工作,市场运作的项目需要一定的收益,而在老城保护这一问题上,保护规划通常不能带来收益。

由此可见,当前老城保护工作提升的重中之重,是如何正确处理老城保护与经济社会发展的关系,如何在保护老城特色风貌的同时使保护规划在经济上可行。通过结合济南老城的历史演变和多年的老城保护工作实践,以既有问题为导向,济南规划工作者提出了"积极保护"的理念和工作方法。

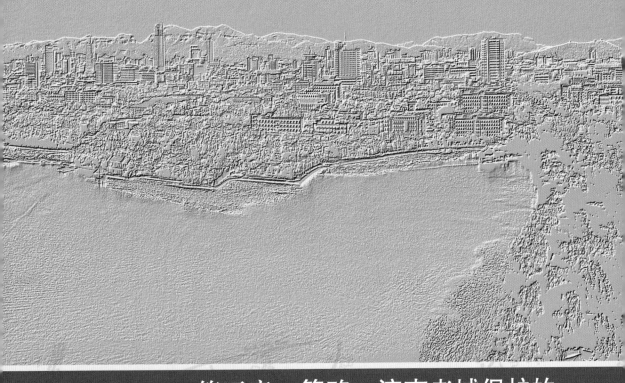

第五章　策略：济南老城保护的
　　　　　创新——积极保护

基于济南老城保护中存在的问题，我们一直致力于统筹老城保护与城市发展的实践研究，探索一条既能有效保护老城又能在实际中有良好实施效果的规划管理思路。"积极保护"是我们在日常的老城保护管理工作中摸索出的一条适合济南现状的老城保护与发展模式。

第一节　济南老城保护工作的思考

进入 21 世纪，随着全社会对老城保护认识的提高，老城很少再受到"简单粗暴"的破坏。表面上看老城得到了保护，但多年的实践证明，老城的破坏并未因此而减少。绝大多数老城保护失败案例的问题在于脱离当前的实际环境，将老城保护与其他一系列社会、经济问题割裂开来，仅仅为"保护"而保护，将实施的可行性抛在一边。其结果，一方面是编制形成的保护规划成果无人问津，另一方面是经济利益驱使下绕开规划的破坏性建设出现。因此，总结实际工作中的问题，提出切实可行的解决办法，成为破解老城保护困境的首要任务。我们对济南当前老城保护工作面临的矛盾进行了分析，并针对现实情况提出了老城保护的工作思路。

一、当前面临的主要矛盾

随着经济社会的发展与认识水平的提高，老城需不需要保护已不再是问题，当前所面临的主要是怎么保护的问题，涉及怎么保护，首先需要妥善解决三个矛盾，即发展与保护的矛盾、理论与实践的矛盾、理想与现实的矛盾。

（一）发展与保护的矛盾

济南老城处于城市中心，自然条件与地理位置优越，虽然城市不断扩张，但老城始终是商业繁荣、人口聚集的地方，土地开发价值极高，自然成为经济发展的热门区域。而老城保护与经济发展却天生有着矛盾：老城保护要严格控制开发强度，保护传统风貌，经济发展需要高强度的建设支撑；老城保护要严格控制建筑的体量和空间布局，经济发展需要现代功能需求建设超大型建筑；老城保护要保留原有的街巷格局，经济发展需要宽阔舒适的商业门面；老城保护要保留原有的生活状态，经济发展需要引入商业开发元素。

（二）理论与实践的矛盾

在当今国内规划领域内，有一部分专家学者对老城的保护与发展进行过系统的研究，并做出了积极地贡献。有些理论认为老城就应像平遥、丽江那样"全部"保护，城市的开发建设应完全服从于老城的保护。在这样的理论指导下，我们的规划大都成为一纸空谈，这种静态的、消极的保护完全无法适应当今的城市发展需求。

理论的研究不足，使之无法适应当前老城保护的实际，必然导致了老城保护实践的迷茫与失误，"全面保护古城风貌"就成了"大屋顶"泛滥的保护伞；"仿古一条街"的建设成了許多古城的建設時髦①。

在当今市场经济背景下的老城保护工作，面临着各种各样的"诱惑"，总会使保护工作偏离了保护更新的目标。政府总是希望加快再开发的速度，这就要求拓宽投资渠道、加快资金循环频率，但对速度的过分追求却往往导致对老城保护的破坏。

从国外经验来看，由政府出资进行保护，摆脱市场的干扰，的确是保护老城的最有效方法。但是从目前济南的实际情况来看，由政府出资对个别地段进行保护还有可能，完全由政府出资是不现实的，至少在当前阶段行不通。完全由政府出资行不通的情况下，只能采用市场运作的方式。市场运作中理想化的保护规划无法平衡投入和产出，可实施性较差，于是在经济利益的驱使下，绕开规划、直接实施破坏性建设的行为不断产生，反而对老城造成更为严重的破坏。

二、老城保护工作的思路

面对存在的诸多矛盾，通过不断的探索与实践，我们逐渐总结形成了历史风貌延续与现代发展并重、强调对老城的整体保护、塑造城市个性、彰显泉城特色的工作思路。

（一）历史风貌延续与现代发展并重

济南风貌特色在于其"山、泉、湖、河、城"有机结合的格局及历代城市格局规划的现代延续。需要采取切实有效的保护措施对构成城市格局和风貌特色的自然山水、城市景观轴线、传统道路街巷、城市空间轮廓等进行保护。

总体说来，古城区应当以古城、大明湖、环城公园"一城一湖一环"的保护整治为重点，挖掘历史元素，延续历史文脉，彰显特色风貌，控制建筑高度，保护古城的街巷肌理和泉池园林水系，增加开敞空间，完善基础设施，改善人居环境。商埠区应当以经纬道路、中山公园、典型街坊等"三经四纬、一园六坊"为保护整治重点，维持泾渭分明的小格网街道格局，保护典型街坊和具有代表性的建筑，在现代城市繁荣的商业氛围中找寻一些城市的记忆。

对济南老城的保护，原则上要强调整体性、协调性、可持续发展性、发展与保护并重。济南作为山东省省会城市，地处我国经济发达地区，是省会城市经济圈的核心城市，济南的城市发展必然更快速、更强劲。如何做到在快速城市化发展时期保护老城历史文化特色，是济南城市规划中亟须解决的问题。老城内部发展要分区对待，例如古城强调文脉的延续，商埠区强调活力的复兴，等等。

虽然老城由于历史形成的特定环境而对城内的每一次开发建设都相当敏感，都有可能带

---

① 张松.历史城市保护学导论：文化遗产和历史环境保护的一种整体性方法.上海：同济大学出版社，2008.

来不同程度的影响，但老城的基础设施薄弱，生活条件的改善又是不可缺少的。对于更新改造的项目要综合考虑其在城市空间格局方面所可能造成的影响，处理手法得当，在带动老城的发展的同时，也是能够促进老城保护的。此外，在老城内部的主要区域应采用不改变规模、容积率的修复或者更新方式，使历史街区、建筑能够适应现代生活的需要。

（二）强调对老城的整体保护

现代建筑更大、更高的发展倾向不可避免地会破坏传统城市的整体风貌，而整个社会的经济发展又离不开城市的现代化发展和建设。在保护与发展二者间关系的处理上，欧洲国家所通常采用整体保护旧城、另建新区的做法，使传统城市的保护与现代城市的建设在不同区域的不同空间协调发展。以罗马古城为例，罗马历史上一直按新城围绕老城的传统模式发展，但经过一段时间后，罗马人发现为了保护好罗马古城风貌，城市的发展必须避开古城，因此确定了城市在旧城快速干道以外发展的原则，即开始在老城的一侧或几侧发展新城的模式进行规划。因此古罗马城得以较为完整的保护，罗马老城的格局、街道和建筑都被保留下来。

在济南的老城保护工作中，济南应该借鉴欧洲城市的成功经验，重视对古城及自然与社会环境的整体保护，注重对文物古迹、历史地段、传统格局、历史风貌、空间形态及历史文化传统等各种要素的统筹保护，突出体现整体风貌特色。尽量避免出现划出若干片历史文化保护区、随后便在保护区之外大拆大建的情况。

（三）塑造城市个性，彰显泉城特色

随着城市化的推进，人们越来越关注城市的个性，认识到城市的个性是城市的魅力所在，是城市最有生命力的标志。失去了特色，城市就淹没在成千上万的城市之中，许多城市面临严重的"特色危机"，"千城一面"的现象日趋严重。

城市个性特色是城市在其发展过程中逐渐形成的区别于其他城市的自然与人文特点，是一个城市的魅力所在，不同的城市之间应像不同的人一样具备各自独有的特征。它具有主观和抽象的双重含义，既包括有形的城市直观形象与景观特色，也包括无形的城市心理和文化氛围，是城市自然、社会、文化、历史、经济和社会发展的客观反映，是一个城市最具魅力、最有生命力的标志。

济南是国家级历史文化名城，城市中"山、泉、湖、河、城"有机结合，南部是恢廓苍翠的自然山体，中部名泉荟萃、湖光山色，北部是蜿蜒曲折的黄河及鹊山、华山等众多平地而起的山头，构成了"家家泉水，户户垂杨"和"一城山色半城湖"的美景，形成了济南独特的城市风貌和山水相依的城市地理形态和独特的城市空间特色。作为济南名城不可分割的重要组成部分，泉城特色标志区和济南商埠风貌区，是济南城市发展两个重要历史阶段的载体，构筑了古城、商埠东西并列的城市空间布局。2006年启动的济南市总体规划修编确定了以经十路为主线，串联泉城特色风貌带、燕山和腊山新区及东、西部城区的城市时代发展轴，济南拉开了东西发展的带状城市结构。济南新城区南邻群山、北依黄河，形成了现代化与泉城特色相融合的城市风貌。

老城保护要遵循塑造城市个性与彰显泉城特色，就是在于通过保护来继承传统、寻求特色，促进城市发展，协调解决保护与建设、过去与现在、改造与利用等诸方面的矛盾，对于富有深厚的文化积淀的历史文化名城来说，关键在于传统风貌特色的发掘与现代城市个性创造的结合，达到城市特色与历史文化保护的完美统一。

三、积极保护的提出

很多案例证明，机械地保护方法在实施中很难行得通，依靠编制理想化的保护规划方案，即便在物质上能把建筑保留下来，也只会使其在时代发展中逐渐没落。济南的老城保护不应止步不前，而应在强调整体保护、延续历史风貌、塑造城市个性、彰显泉城特色的基础上，进行开拓创新。

在对老城保护工作进行总结的基础上，我们针对遇到的实际问题，提出了一条既能有效保护济南老城历史与特色，又能适应当前城市化进程的管理思路——积极保护。即严格保护应保之处，严肃对待历史文化遗产，严厉抵制破坏建设行为，为使规划在实施中可行，还要充分考虑现代居民生活的需求，适应现代城市功能及发展的要求。同时，可选择适当的区域统筹实际建设工作的投入与产出，使规划落在实处。

第二节　积极保护的内涵

科学发展观，其核心是以人为本、基本要求是全面协调可持续性，根本方法是统筹兼顾，要求解放思想、实事求是、与时俱进、求真务实。积极保护，是在济南老城保护工作实践的基础上，以科学发展观为指导，以唯民、唯真、唯实为准则，提出的一种科学的理念、求真的态度、务实的选择和创新的过程，是对老城保护工作的一种探索，也是尊重城市发展现实的方法。

积极保护强调对老城"全面"的保护而非"全部"的保护。全面的保护是在老城建筑的改造、风貌的维护、文脉的传承、肌理和社会精神的延续的基础上整体的保护工作方法，这区别于静态的消极的全部保护思路。针对济南实际情况，区分工作和保护重点，该守的守住、该放开的放开！

一、积极保护是科学的理念

积极保护，是全面落实科学发展观"全面、协调、可持续"的基本要求，结合济南老城保护工作实际情况形成的规划理念。要求从老城保护的全局出发，协调好保护和发展的辩证统一关系，不断梳理、完善工作思路，推动老城保护工作整体向前推进。积极保护，强调老城的全面协调可持续发展，是一种科学的规划理念。

（一）全面发展

城市是一个有机整体，伴随着环境的变化而逐步进化。积极保护，要求把老城区作为一个有机整体进行全面保护，既要注重对老城区物质环境的保护又要重视人文环境的保护。要从大处着眼，系统保护城市总体风貌格局，使城市能够承载历史、传承文脉，在继承中谋求发展。

首先要全面保护老城区内部空间格局。老城区的内部空间格局包括城区的平面、空间轮廓、轴线以及相关的道路骨架、河网水系、山川等自然环境，是老城区保护的核心内容。要以真实性和完整性为原则，切实加强老城区的保护，将老城区内历史风貌较好的片区纳入历史文化街区的保护范围，严格保持传统街巷的建筑界面、肌理尺度，努力彰显出老城区相对完整连贯的历史风貌。

其次要全面保护、维系老城区的人文环境。一是根据城市传统特色，塑造城市意象。二是挖掘城市历史文化要素，将历史文化传统转化为城市发展资源。三是从老城保护的全局出发，综合考虑老城区发展的空间布局、交通布局、产业布局、人口布局问题，在规划建设上使老城区功能配套不断完善，环境得到改善。

（二）协调保护与发展

积极保护要求科学的判断和清醒的认识当前城市所处的发展阶段，找准加强老城保护与促进经济社会和谐快速发展的结合点，协调保护与发展、开发与利用的关系，全力保护尚存的，努力发掘可现的，尽力展示曾有的，借助历史资源和文化优势，展现老城区的真实性和完整性，在有效保护的前提下加以更新开发，在科学发展的基础上合理利用，努力实现以文化促经济、以保护促发展的目的，使老城区的特色更加鲜明，生态环境更加优美，基础设施建设更加完备，人居环境更加舒适，社会发展更加和谐。

"历史文化名城"是薪火相传的宝贵财富、城市发展的稀有资源，不可再生、不可复制、弥足珍贵，积极保护就是在最大限度的维持老城区的历史底蕴、文化内涵和风貌特色的基础上，协调好保护与发展的关系，通过对老城区的历史文化特色的保护，带动老城的复兴，提升老城区的核心竞争力，促进老城区经济发展与传统风貌保护的双赢。

同时，积极保护要求认清老城区生存和发展的社会和经济基础，在充分考虑和平衡各方面利益的基础上，建立一个被社会各个层面都能接受的"度"，协调开发与利用的关系，利用各种老城区的资源实现老城区复兴。这个尺度可以从"面"和"量"两个方面进行衡量。"面"指的是哪些方面是必须严格保护维持原状的，哪些方面是在保持老城文脉延续基础上适当改造的，哪些方面是可以进行发掘利用的。"量"指的是在可以进行适当改造的区域，改造、新建的规模应该控制在一个怎样的范围内，对现有事物的发掘利用，也应该有一定"量"的控制，避免打破保护与利用的平衡性。

（三）可持续发展

积极保护，要不断梳理、完善工作思路，创新工作方法和工作机制，要求规划有一定的前瞻性，依据经济实力科学合理地进行老城保护和改造工作，避免超越本地经济承受能力和市场吸纳能力的大拆大建现象[1]。在保护老城传统特色的同时，实现老城的经济发展、社会进步和环境改善。积极保护追求老城保护与发展的"持续性"，强调老城发展不随时间的增长而消减，是一种可持续的发展模式。

积极保护，要坚持可持续发展的原则，在老城保护改造项目中，不能只注重局部土地高强度利用之下的经济效益，不能将古城推倒重建。但也不意味着在古城中就只能"丝毫不动"，而应追求两者的结合，力求在全面保护古城风貌的前提下，采用"有机更新"、"小规模渐进"等方法对古城进行适当的改造提升，完善基础设施、改善居住环境，适应现代城市生活的需求。

二、积极保护是求真的态度

老城保护工作的复杂性毋庸置疑，现实中我们常常会遇到大量的、利益诉求多元化的问题，只有透过这些问题的表层，抓住老城保护的本质，才能从根本上解决保护与发展的问题。在第三章讲述的众多济南规划实践案例中，芙蓉街—百花洲、将军庙历史文化街区保护规划的案例已经向我们证明，编制理想化的保护规划并不困难，但是得不到实施，对老城保护而言就没有任何意义，并不能改变老城不断衰败的现实。

积极保护，是济南规划工作者在对老城保护工作规律性进行总结后，形成的一种实事求是的老城保护工作态度。要求我们既要珍惜先人留下的宝贵财富，不能漠视城市特色被蚕食殆尽，又要尊重当代人谋求发展的合理诉求，不能因为泥古不化而错失发展良机。

（一）求发展实情之真

济南当前仍处于经济社会快速发展的阶段，经济实力无法与欧美众多发达城市相提并论，

---

① 刘祥生，安旭东. 旧城改造与可持续发展战略. 长江建设，2000（2）：32-34.

与国内许多经济水平较高的城市也有一定的差距，无法照搬发达国家在老城保护工作中的成功做法。同时，济南作为山东省省会，城市的快速发展是必然趋势。济南老城位于城市中心，区位条件优越，是城市经济发展的重要载体，其保护与更新改造在当前快速城市化的过程中意义重大。充分利用老城特色资源，带动老城的保护与复兴，才是老城保护工作的方向。

（二）求发展规律之真

在处理老城保护与发展的问题上，积极保护首先需最大限度的维持老城区的历史底蕴、文化内涵和风貌特色，保护好历史遗存和文化传统。其次，需根据不同位置的实际情况划分为绝对保护区、重点保护区和更新改造区。绝对保护区即文物保护单位、历史优秀建筑所在的区域，应严格保护现状，只允许维修和整治，严禁新的建设；重点保护区即现状留存较好、风貌特色完整的区域，应注重保持传统格局和街巷肌理，按"修旧如旧、建新如故"的原则进行改造；更新改造区即与古城商埠整体环境存在一定差异、不具备保留价值的区域，可以在与周边风貌衔接的基础上，实施保护改造。

（三）求人民需要之真

"以人为本"是城市规划在编制及实施中的核心思想，老城保护工作不能只考虑保护城区和建筑，还要重视和关心老城原住民的安置和生活。我国的老城，大多存在市政设施不完善、配套设施缺乏、生活环境较差等问题，供电、供水、通信设施老化、经常出现问题，供气、排水、垃圾收集设施缺乏，交通拥堵、停车位严重不足，没有配套的教育、医疗设施，绿化、公共开敞空间缺乏，这些问题，一直困扰着老城内的居民。

积极保护，要求在对物质实体进行保护的前提下，完善老城市政设施，加强教育、医疗、卫生、停车等基本配套设施的建设，改造提升交通系统、改善居民的生活环境。同时要加强对人民传统生活空间的保护，同时结合历史建筑特色，在公共空间和街道周边合理安排服务业态，在保护好传统建筑的同时，打造特色鲜明、富有活力的生活空间。

三、积极保护是务实的选择

济南老城位于城市地理位置的中心，在城市快速扩张的过程中，老城凭借其良好的区位条件，始终是商业繁荣、人口聚集的地区，自然而然也就成了经济发展的热门区域，建设项目不断。20 世纪 90 年代，一味追求经济效益的思想占据主导，经过一轮大拆大建之后，历史建筑成片倒下、所剩无几。21 世纪，随着全社会认识的提高，这种现象已基本不再出现，取而代之的是全盘的、机械式的保护，即全部保留，凡是历史的东西一律不准做出改变，这种做法的确能够最大限度地保护老城，但却忽视了应用范围的问题，在对文物保护单位和历史优秀建筑的保护中，全面保护的方法效果的确不错，但这类建筑毕竟只是少数，老城中存在更为普遍的还是风貌较为普通的民居，如果一直以这种保守的态度来对待老城保护工作，就难以吸纳社会力量参与其中，而仅仅依靠政府有限的财力，能够实施保护和更新的地区恐怕微乎其微，老城内绝大多数地区，只会在老城保护与经济发展的博弈中逐渐衰落，城市居民的生活也无法改善。因此，无论是大拆大建还是全部保留，结果都是老城活力与特色的逐渐消失，在当前的经济阶段，其实质都是一种消极的老城保护态度。

积极保护是在对多年规划与建设管理实践工作进行总结的基础上，透过保护与发展的表征问题，不再重复纸上谈兵的工作，要求更加客观地看待老城保护问题，统筹老城的保护与发展，统筹老城提升与新区建设，统筹历史资源的保护与利用，追求的是办实事、求实效，使各项工作真正经得起实践的检验，是一种务实的选择。与其一味追求形而上学的、无法落实的规划，不如脚踏实地，在工作中找准突破点，在把握好重点的基础上进行一定的权衡，提高保护规划的实用性。

（一）务有效保护之实

积极保护是在刚性的保护规划无法有效的落实，反倒容易导致违章建设的现实情况下的一种更为现实地选择。规划虽然是一门科学，但同时也要注重实效。与理论研究不同，积极保护更加尊重社会普遍存在的规律，更加注重结果。抛开现实一味地追求保护的理想化，商业运作中很可能导致绕开规划设计的破坏性建设，反倒会对古城保护工作造成更不利的影响。与其如此，不如在规划工作中适当考虑城市居民生活的现实需要及开发建设合理的利益诉求，通过规划手段进行合理的引导，切实有效的开展老城保护工作。

（二）务科学发展之实

积极保护在强调"保护"的同时，也十分注重老城建设合理的发展需求。济南正处于城市快速发展的关键时期，决不能因噎废食、放弃发展。积极保护要求在老城保护工作中依托悠久的历史资源，通过适当的改造，在不影响老城整体的情况下，激活发展的要素，并将其发扬光大，科学合理的带动老城整体发展。

务实发展，应积极寻求解决制约老城保护和发展的突出问题，积极探索在保护基础上的发展道路。要求注意平衡建设新城与疏解老城的关系，拉开城市建设骨架，吸引老城区的单位和居民搬迁到更加宜居的新城区。将老城区混杂的功能逐步转向以休闲旅游、文化和商业为主，拓展产业空间，形成新的产业支撑，增强发展能力。务实发展，还要高度重视解决民生问题。要着力提高发展的普及性，注重公共服务均等化，扩大发展成果的覆盖面，从制度上保障改善民生。

四、积极保护是创新的过程

"积极保护"是在科学发展观的指导下形成的规划理念，以认识为前提，以问题为导向，以积累为基础，但社会各界对保护的认识、不同时期面临的问题、多样化的经验积累都不是固有的，一成不变的，而是在不断的演进、不断的发展过程中形成的，那么"积极保护"也必定是在诸多因素作用下的动态的、不断创新的过程。

（一）以认识为前提的概念演进过程

名城保护的概念最早可追溯到 20 世纪 50 年代梁思成先生对保护北京城的论述。他认为："北京作为故都及历史名城，许多旧日的建筑已成为今日有纪念意义的文物，不但它们形体美丽，不允许伤毁，它们位置部署上的秩序和整个文物环境，正是这座名城壮美特点之一，也必须在保护之列。"然而在当时的政治、经济背景下，这样的呼声"曲高和寡"，不为社会主流所认同，并未引起社会关注。

改革开放后，社会经济进入正常发展轨道，理性思维取代了偏执的激情。历史文化名城保护问题开始引起广泛关注，学术界开始发出名城保护的声音。1982 年国家公布首批历史文化名城，同年 11 月颁布《文物保护法》，评定名城、明确保护原则种种声音和尝试值得肯定，拂去了蒙在明珠上的尘埃，让城市的历史文化散发光辉，引导人们去再认识其价值。但这种声音很快就被大规模城市建设的热潮所淹没，很难真正的得到响应，如济南老火车站等具有重要历史价值的区域均在这股热潮中被同质化的现代建筑所取代。

随着市场经济的发育和成熟，现实利益驱动在城市建设中的作用日益突出，人们逐渐意识到单纯的保护在经济利益面前显得过于理想，必须深入认识保护的内在，扩展保护的外延，从方法上、模式上、实践中丰富其概念与内涵。"积极保护"即是基于这一认识的概念创新，其认识的深度决定了概念的内涵与外延。

（二）以问题为导向的实践创新过程

随着历史的发展，现代城市建筑的形象逐渐掩盖和取代了历史的形象，千百年来保存下来的古城风貌和古建筑也逐渐淹没在现代建筑群的海洋之中，成为稀缺事物，于是引起了人们对历史的、民族的物质与精神越来越多的关注。尽管在珍惜历史遗产问题上社会多方已形成共识，但在实践中城市规划管理者仍然会面对诸多问题甚至是困惑，究其实质基本上可归结为两类问题，即价值的判定与取舍。

1.判定价值的过程

价值判定主要有三种情形。一是价值模糊。城市是一个万宝囊，包含的内容丰富多彩，每一件事物都不是孤立的、凭空出现的，在不同时期不同背景下所产生的作用亦不尽相同，所以事物的价值也难以用单一的方法方式去计算，更没有合理的标准可以衡量，那么事物所体现的价值就变得模糊，难以确定。二是价值多维。城市是复合的，其包含的街道、广场、建筑的功能也是多样的，每一处历史遗迹在不同时期展现的文化也是有差异的，所以保护对象的价值亦是多维的、复合的，如科技、人文、景观等多重价值，这使保护对象的价值判断更加复杂化。三是价值变迁。历史遗迹在不同时期不同背景下扮演的角色在不断变化，经济发展不同阶段社会对历史遗迹的关注程度与保护要求也大不相同，所以历史遗迹的价值随着社会的发展而不断变化；一些历史遗迹成为大规模拆迁热潮中的幸存者，而华丽变身为稀缺资源，其价值亦迅速攀升。

2. 价值取舍的过程

很长一段时期，大规模、大力度保护历史遗迹的呼声高涨，但城市永远处于更新运动之中，所有历史被全部保护下来是不现实的，实践中必有取舍，就目前来看，取舍的方式大致可总结为功能性的取舍与经济上的取舍两种。功能性的取舍，简单而言即是对承担的城市功能的重要性的衡量，如城市重要交通设施选址区域中存在历史遗迹，就需要城市规划者多方衡量，是否可以采取简单的技术处理就可以使遗迹不受破坏。经济上的取舍，即利益上的取舍。开发与保护产生矛盾，眼前经济利益与未来多种价值可能性发生矛盾，该如何取舍就需要我们冷静思考，仔细斟酌。

（三）以积累为基础的模式构建过程

随着时代的发展，城市一直处在不断的新陈代谢和改造过程中，历史遗迹的保护也呈现出多种多样的方法与方式，但迄今尚无普遍认同的成熟模式。而事实上由于城市区位、经济实力、知名度、对历史文化重视程度乃至城市管理者个人因素都存在较大的差异，难以形成放之四海皆准的模式，更需要规划者结合实际创新，不断积累经验。尽管如此，国内也相继出现了很多值得借鉴的做法，如平遥古城、丽江古镇、福州的三坊七巷、上海新天地、北京菊儿胡同、成都宽窄巷子、大明湖风景名胜区等。

对这些案例进行分析，其经验大致可总结为以下几个方面：考虑民生，改善人民生活质量，如菊儿胡同；发展现代服务业，重点发展休闲、娱乐、旅游，如宽窄巷子；混合用地模式，兼容多种功能，如丽江古镇；创造新兴业态，赋予新的功能，注入生机、活力，如北京798；开发运营机制灵活，运营机构专业、成熟，如三坊七巷。在现有的经验基础上，以发展的眼光看历史文化保护，我们认为继续探讨保护模式是非常必要的。

1. 保护主体

政府、企业和居民为名城保护主体的三个方面，在实践中，居民的保护力量由于发展机遇的不均等、参与机制的不健全，难以充分发挥作用；企业具有良好的经济基础，有能力作为保护主体实施保护，但其以经济利益为主导，很难平衡公共利益；那么只有政府作为名城保护的主体，用更加开放的眼界，非市场化的运作，兼顾公共利益、经济利益，为名城保护寻求最合理的出路。

2. 文化意义

物质有形，但其内在的文化却是无形的，亦是无限的，文化作为人类的精神需求，鲜活地存在于人们的生活当中。名城要得到真正的保护与复兴，首先应该把更多的精力放在文化传承的研究上，而不是直接与经济捆绑。那么文化的传承就需要在挖掘的基础上，培育良好的政策环境和产业环境，营造传统文化的氛围，使文化得到传承，并吸引更多的人关注和吸收。

3. 生态环境

构建和谐社会，一个重要标志就是统筹人与自然的和谐发展。改善生态环境，建设良好生态，是社会发展的必然要求。作为规划管理者，必须树立伦理、理性和实践三种态度，理顺环境保护、生态文明和未来发展三种关系，在建成区更新、风景名胜区建设等过程中多加关注。

"积极保护"就是在这三种过程中产生与发展，逐渐趋于成熟，是在失败与成功的反复实践中形成的理念。它贯穿于历史文化名城保护体系的每一个阶段，随着时代背景、指导思想、保护制度的发展变化而不断更新，因地制宜，强调差异，突出特色，解放思想、实事求是，是一个未曾停止过的创新过程。也只有这样，"积极保护"才能成为真正意义上的科学发展观指导下的可持续发展的规划理念。

第三节　积极保护的策略

积极保护即以科学发展观为统领，统筹兼顾，根据济南老城格局与空间景观风貌的现实状况，避免大拆大建，同时变全部的、绝对的保护为积极的、科学的全面保护，努力寻找老城保护与更新发展的黄金平衡点，统筹保护与发展、新区建设与老城提升的辩证关系。

积极保护要求在老城保护工作中总揽全局、照顾各方，统筹老城保护与地区经济发展、统筹老城保护与维持地区活力、统筹老城保护与改善社会民生、统筹老城保护与完善城市功能等多方面的关系，妥善处理各种利益关系，注重实现良性互动。积极保护的策略体现在以下几个方面：

一、统筹保护

统筹保护即正确处理城市建设与老城保护的关系。老城区是城市的发源地，是城市的重要组成部分，因此老城区发展不能孤立于城市之外，其发展定位必须与城市性质、城市总体布局等统筹衔接与过渡，并注意突出自身特色。

（一）统筹保护与发展

统筹保护与发展首先应认识到保护是第一位的，积极保护就要尽量保护老城区内尚值得保留之物，才能最大限度的维持老城区的历史底蕴、文化内涵和风貌特色。"历史文化名城"是薪火相传的宝贵财富、城市发展的稀有资源，不可再生，不可复制，弥足珍贵。保护好历史遗存和传统文化，不仅是对历史负责，更是对城市的未来负责。要坚持应保尽保，如可以将老城划分为绝对保护区、重点保护区和更新改造区。绝对保护区只允许原状维修，重点保护区建筑按"修旧如旧、建新如故"的原则进行改造；一些非文物类建筑，可以采取保留其原有较好部分，更新其破败部分的方式进行保护，从而达到既适应社会功能，又保持原有建筑风貌特色的目的。

同时，城市的发展也不可避免，如果只是单纯地保护，不考虑当地百姓的经济发展问题，保护的效果会大打折扣。统筹保护与发展，应注意通过对老城区的历史文化特色的保护，带动老城的复兴，提升老城区的核心竞争力，促进老城区经济发展与传统风貌保护的双赢。

（二）统筹老城与新区

统筹老城与新区，就是将新老城区的城市建设、社会事业、经济发展、民生等问题统筹考虑，实现新老城区的共同繁荣。只有老城和新区齐头并进、统一协调的发展，才能使城市建设更加完美；只有老城和新区统筹好了，宜居宜业，人口才能不断地集聚，才能反过来带动老城的提升和新区的发展。

统筹老城与新区，应注意发挥老城与新区各自的优势，做到老城与新区的错位发展与优势互补。老城区建设要依托悠久的历史资源，激活老城发展的要素，并将其发扬光大，丰富城市新区的建设内涵。新区建设要引领老城改造，通过新区建设，缓解老城建设压力，同时通过新区的快速发展，在城市财政等方面促进老城的改造提升。

二、整体保护

积极保护中的整体保护，就是要注重对老城区整体格局及其所依存的自然与社会环境的保护，老城区的整体保护即把文物古迹、历史地段、传统格局、历史风貌、空间形态及历史文化传统统筹考虑。

整体保护就要把老城区作为一个有机整体来对待，而不能把它简单归纳为各个组成部分的机械相加，实现历史文化资源和自然景观的整体协调。这些组成部分包括人类活动、建筑物、空间结构及周围环境。根据《奈良文件》要求，文化遗产的完整性包括两方面：一是范围上的完整性（有形的），即建筑、城镇、工程或考古遗址等，应当尽可能保持自身组织成分和结构的完整，及其与所在环境的和谐和完整；二是文化概念上的完整性（无形的），即与实物形态相伴随的一类典型文化的统一体。这就意味着对老城区的保护不仅要保护其物质形态，还要保护居民的传统文化和生活方式等非物质形态。

（一）整体保护老城及其依存的空间环境

老城区是城市历史文化的发源地，其在选址、布局与建设过程中大都善于利用原有自然山水格局，依山就势、因地制宜的建造城市。老城区与其周围的环境是同时存在的，失去了原有的周围环境，就会影响对老城区历史文化的正确理解。因此，老城区首先就要保护好其整体的历史环境和风貌格局。

整体风貌格局以及其中蕴含的丰富历史文化内涵，是老城区赖以存在的基础。整体保护应突出展现老城区的规划特色和传统格局，体现保护的整体协调性。老城区作为城市的一部分，完全具备一个城市的完整形态和功能。保护老城区就要保护其整个的环境风貌，需要从大处着眼，系统保护总体风貌格局，承载历史、传承文脉，在继承中谋求发展。

（二）整体保护老城内部空间格局

老城区的内部空间格局包括城区的平面、空间轮廓、轴线以及相关的道路骨架等，是老城区保护的核心内容。

整体保护要保护其"整体肌理"，不宜大拆大建。要以真实性和完整性为原则，切实加强老城区的保护，将老城区内历史风貌较好的片区纳入历史文化街区的保护范围，严格保持传统街巷的建筑界面、肌理尺度。对已破坏的街区、地段，要依据文献图片、遥感照片、测绘蓝图等资料，按原有街巷肌理、院落布局、样式尺度恢复历史风貌。要有统一的保护管理体制维护其历史原貌，对一切破坏原真性的设施要予以拆除。通过上述保护和恢复性措施，还原出老城区相对完整连贯的历史风貌。

三、原真保护

"原真性"是英文"Authenticity"的中文翻译，它的英文本义是表示真的而非假的、原本的而非复制的、神圣的而非亵渎的含义。"原真性"一词起源于历史文化遗产保护领域，1964年的《威尼斯宪章》提出"将文化遗产真实地、完整地传下去是我们的责任[①]"，首次将原真性这一概念引入规划领域。原真性的概念在中国早已有之，文物古迹保护所长期遵循的"不改变文物现状"的原则就是保护原真性的最好体现。

---

① 国家文物局法制处．国际保护文化遗产法律文件选编．北京：紫禁城出版社，1993．

在我国，长期以来人们对于原真性的理解更偏重于追求"原状"。积极保护所倡导的原真保护，强调具体问题具体分析，并不是一味的要求将建筑还原为历史上的原有形态，而是更加注重体现历史延续和变迁的"真实"，追求的是形神兼备、真实共生，通过保护物质实体的原真性和传统生活形态的原真性，求老城保护之形、求老城保护之神、求老城保护之真、求老城保护之实。

（一）保持老城物质实体的原真性

历史建筑作为城市的历史文化遗存，无论是自然形成的，还是人工精心设计的，都是历代社会生活的场所，具有不可再生的特点。作为物质遗产，历史街区、历史建筑及环境附着的信息应该是确凿的、切实可靠的，一旦损害了这些信息的真实性，其价值就会大打折扣。国外大部分的历史建筑，主要是石材结构体系，所以强调的是原材料、原样式的保护，严格的维持其历史上的状态，不改变现状。在我们国家，大部分历史建筑以砖、木材料为主，时间久了难以经受外部侵害，文物建筑因为有专门的资金，还可以进行修缮和维护，而一般的历史建筑，通常就会成为危房。

保持老城物质实体的原真性，需要结合我们国家历史建筑的实际情况，既不能置之不理，也不能简单的给予拆除再建新楼。应从维护旧街巷的整体建筑形制的要求出发，采取技术措施，保留原建筑的外立面，更新其内部结构，使原建筑的传统风格得以保留。从建筑外表看，与街巷及周围的建筑没有区别，内部结构的更新使建筑重新具有了使用价值，而且还维持和延续了历史街巷整体形制的时代特色。原真保护建筑风貌特色，使用原有的建筑材料永远是首选。使用原有建筑材料，一方面可以更大限度的保存原有建筑，虽然工艺上相对拆除重建要复杂得多，却能够最大限度的保留历史、信息。

（二）保持传统生活形态的原真性

我国历史悠久、文化底蕴深厚，在发展历史之中，各地巧借得天独厚的自然条件，逐渐形成了独特的生活形态，老城由于经历了长时间的发展变迁，大多真实的保留着历史上的传统生活形态，北京的四合院就是其中最具代表性的例子。然而，在当今社会经济快速发展的大背景下，城市的功能、交通、生活模式确实发生了重大的变化，加上大规模的城市商业开发带来的利益最大化的追求，传统的城市空间与现代的城市功能之间的矛盾日益显现，原有的传统生活形态日渐模糊。原真保护在对物质实体进行保护的同时，还强调保持老城传统生活形态的原真性。

首先，保持传统生活形态就是要保持市民传统生活文化的延续。我国古代的城市，大多依周围自然环境而建，城市的传统空间格局各具特色，历经千百年的变迁，见证了城市发展的过程。保持生活形态的原真性，就要保持传统的空间格局和地理特征，保护传统的院落布局模式，保持传统街巷格局和宜人的尺度。同时中华民族民间艺术丰富多彩，以泉城济南为例，山东快书、梨花大鼓等民间艺术享誉海内外，这些民间艺术在一定程度上反映了历史上居民们的生活状况，代表城市历史上的文明程度。在老城保护中做好民间艺术的保护工作，无疑可以增加老城的传统生活气息，对发掘老城文化内涵，还原老城生活真实性有着重要的作用。

其次，保持传统生活形态就是要保护传统的饮食文化。我国古代的城市，大多都有特色的饮食，以济南为例，油旋、甜沫等特色美食备受推崇。然而不少传统饮食在城市改造中消失，许多市民感叹回到老地方却再也找不到原来的感觉。保持传统生活形态，不但要将这些具有地方特色的饮食文化保留，还应对其进行规范管理，发扬传统的饮食文化特色。

四、重点保护

科学的老城保护思路就是在老城能得到有效保护的基础上，实现规划的有效实施，而做到这一点，就必须保证规划是符合当前市场经济的客观现实。重点保护就是在整体保护的基础上做好重点内容的保护。在老城改造中，要考虑当地的主客观条件，避免以固定模式、大范围推进的方式进行改造更新，而应选择一些条件成熟，矛盾较少，可以起到示范作用的片区先行改造，从而相对集中力量，既可快见成效，又能起到示范和带动作用。

（一）重点保护老城区布局、街巷、泉系

重点保护，首先应严格保护老城区内最能集中反映老城历史风貌特点的平面布局、方位轴线、道路骨架、河网水系，保持老城区原有的历史格局，保护老城区历史形成的道路格局，控制建筑高度，维持原有的重要景观视廊内以及城市重要景观节点轴线方向的原有关系。

要保护好老城区的街巷肌理，最重要的是要处理好保护传统街巷肌理与建设现代交通系统的关系。为保护传统街巷肌理，规划应尽可能沿袭现状街巷的位置走向以及名称，拓宽道路时也尽量避让保护类建筑，使街巷保持有机生长的自然形态。

济南因泉而闻名天下，泉水是济南不可多得的资源，规划工作还应坚持保护泉源、泉脉和保护泉眼、泉系并重的原则，坚持泉水保护和旅游发展相结合的原则，坚持妥善处理好保泉与城市供水关系的原则，保护好泉系。

（二）重点保护老城区文物古迹与传统建筑

保护好文物古迹、历史街区、特色建筑、文化符号和民俗风情，体现历史的真实性、生活的原貌性、风貌的完整性。也就是对城市内历史文化遗存保留比较完整、历史风貌和民情风俗特色鲜明明显的区域，实行重点保护。原则上不再安排新的建设项目。只对与历史文物

保护有冲突的区域内的建筑用地进行功能置换与调整的局部更新，降低建筑密度，避免对老城区重点保护区域内城市用地的过度开发。

（三）重点保护历史文化街区

历史文化街区，指历史建筑集中成片、能够较完整和真实地体现历史风貌并具有一定规模的区域，是《文物保护法》界定的法定保护区域。历史文化街区是历史文化名城的重要组成部分，近年来，随着我国历史文化名城保护工作面临的形式变化，国家越来越重视对历史文化街区的保护，历史文化街区作为老城传承风貌和精神的核心，也是老城保护工作的一项重点内容。

重点保护历史文化街区，首要的是保护好"芙蓉街—百花洲历史文化街区"和"将军庙历史文化街区"。芙蓉街—百花洲历史文化街区位于古城中心，是济南传统民居、泉池园林等特色精华所在，是古城物质文化的重要载体。将军庙历史文化街区，位于古城西南，是济南民俗文化的典型代表。对历史文化街区的重点保护，应采取成片整治、挖掘特色和形成风貌的办法，坚持保护历史信息的真实性、保护传统风貌的整体性、历史建筑保护与利用相结合的原则，恢复历史遗存的原貌，适当进行改造，激发街区活力，重现历史文化街区的风采。

五、特色保护

老城区特色保护就是要把保护工作看作是城市发展的动力和重要的资源。日益激烈的全球化浪潮，把中国的城市带到了一个大发展、大变化的新阶段，随着市场经济体制的不断深化，城市的开放程度越来越大，良好的城市形象是城市进入国际市场的通行证。不仅中国的企业、人才、机遇在选择城市、选择城市的政府，国外的企业、国外的人才、国际的发展机遇也在选择我们的城市、选择我们的城市政府。发展机遇选择城市、选择政府的时代已经到来。如何增强济南的城市凝聚力、认同感，让生活在城市的人们更加发自内心地呵护这个城市、热爱这个城市；如何增强城市的辐射力、影响力，打造城市名片，已是当务之急。在现实的城市中，有许多历史上的东西已被湮没，也难以原地恢复。但历史文献的记载，历代文人的诗词咏吟，往往也可以成为建筑师进行构思创作、激发灵感的源泉，不妨在新区建设或旧城整治的过程中，以适当的手法加以体现。

（一）凸显自然特色

自然因素是城市特色的基础，我们要在这个基础上绘出美好的图画；人工因素是规划、建筑及所有城市建设工作者的工作任务，是我们研究的主要对象；文化因素整合自然和人工因素，三者相辅相成，共同构筑城市的个性与特色。济南的自然特色概括起来有两点：一是"山、泉、湖、河、城"相融，南部山区恢廓苍翠，中部城区湖光山色，北部黄河、小清河蜿蜒东流，形成了独特的城市风貌和空间特色。二是泉水特色鲜明，趵突泉、五龙潭、珍珠泉、黑虎泉四大泉群及众多的泉水星罗棋布，形成了"一城山色半城湖"、"泉水串流街巷民居"的城市意象。

凸显自然特色，就是要在老城保护工作中注重"山、泉、湖、河、城"的呼应关系，延续并发扬济南南北山水轴线特点。像保护文物一样保护好泉源、泉脉、泉系、泉池，划定泉脉保护范围，禁止可能对泉脉造成破坏的深基础工程；对地表溪渠进行岸线恢复与渠底清淤，恢复"家家泉水、户户垂杨"和"清泉石上流"的泉城风貌。

（二）塑造城市特色

城市个性、特色保护与塑造研究的主旨，就是在于通过保护来继承传统、寻求特色，促进城市发展，协调解决保护与建设、过去与现在、改造与利用等诸方面的矛盾，对于富有深厚的文化积淀的名城来说，关键在于把传统风貌特色的发掘与现代城市个性的创造相结合，达到城市特色与历史文化保护的完美统一，打造"天下泉城"的特色名片。

六、有机保护

有机保护就是坚持"有机更新"的原则，按照小规模、渐进式的更新改造模式进行老城区的保护和改造工作。在整体控制性规划的指导下，按照实际条件，分期改造，化整为零，这样既能保护和延续原有的历史风貌格局，又能适应现代快速的市场开发运作要求。

（一）文化的延续

对文化的追求是人类心灵深处的情感需要，体现着人类追求文明的最高境界。以老城区更新为契机，推动城市文化的延续，实现城市文化传承与经济发展的互促双赢。凸显鲜明的城市文化特色和本底，注重保护那些人文信息丰富、地域特征鲜明的历史街区、传统民居和人文古迹，着力打造更多展示城市风格和特色的文化地标，打造更为浓厚的城市文化气息。

（二）城市功能的调和

老城功能的调和是延续老城区活力的要求。将原来不属于老城负担的城市综合职能分解剥离出来，加大对新增功能的准入约束，减少新增功能过度集中引发的与老城保护的矛盾和冲突。把老城区内的部分机关、企业和学校、医院等事业单位迁入新区，大幅降低老城区范围内的人口、建筑密度，让老城有更多的空间展现历史，恢复老城传统风貌，改善老城居住条件，提升居民生活质量。

（三）更新建设的有序安排

有机保护，就是坚持动态更新，不仅要注重老城区的整理和恢复，更要使其适应现代的生活方式。可以建立以居民为主体的长期修缮保护机制，按"修缮、改善、疏散"的方针，以院落为单位对历史街区进行渐进式保护更新。为解决公房"大杂院"问题，恢复合理的居住密度，可采取推进房屋产权改革、鼓励承租人的自愿疏散、以适当方式解除外面有房的"空挂户"的租赁关系等多种措施。提倡"我们的家园我们建"，鼓励全社会的参与，政府要帮助、指导、鼓励居民按保护规划实施自我改造更新，让居民成为房屋修缮保护的主体，并完善房屋自主交易等相关政策。

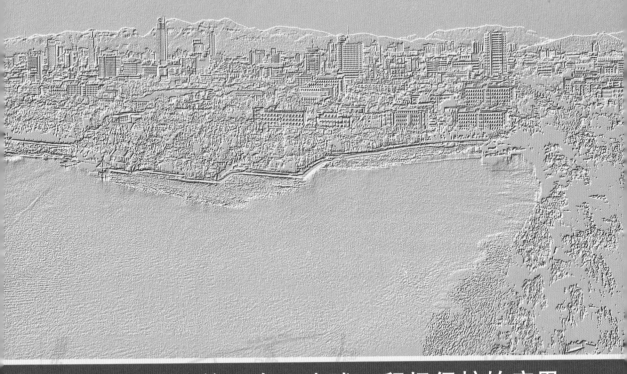

第六章 实践：积极保护的应用

目前，济南社会经济持续发展，城市的经济结构和社会结构正在发生巨大的变化。在过去的十几年时间里，由于功能的调整和重组，以及城市形态的变异，在城市更新中出现了发展与保护的一系列矛盾。矛盾逐渐累积的结果，是大部分历史街区已经处于十分脆弱的状态，再不加以保护，就要消失殆尽了。积极保护的观点提出后，为如何彰显泉城风貌特色、保护老城格局肌理、保持城市发展的延续性等工作理清了思路，在确定济南老城保护的原则、明确济南老城保护的内容及开展的一系列老城保护规划研究工作中得到了广泛的应用。

第一节　制定济南老城的保护原则

基于积极保护的理念，我们在工作中逐渐形成了全面保护、目标合理性和活态适应性三条老城保护的工作原则。

一、全面保护的原则

中国正在经历快速城市化进程，城市化的基本特征就是城市人口的快速增加。城市人口的飞速增长加剧了城市用地供应紧张的局面，"发展是硬道理"，没有城市的快速发展根本无法满足人民群众日益增长的需求。老城是城市经济发展的重要载体，是城市历史文明发展的见证，老城的保护与更新改造对于适应快速城市化进程意义重大。老城区是济南城市发展的历史见证，是城市文化遗产的重要组成部分，明府城和商埠区更是连接城市东西部的重要节点和枢纽，搞好老城区的保护性开发，对于展示济南文脉、提升城市形象、发挥本土优势具有重要意义。

全面保护就是要分清保护与改造的侧重内容，它区别于一味的全部保护不动的理念。全面保护就是要认清老城区生存和发展的社会和经济基础，探索在保护的前提下，通过利用各种老城区的资源实现老城区复兴。要综合考虑老城区发展的空间布局、交通布局、产业布局、人口布局问题，在规划建设上要使老城区功能配套完善，环境得到改善。全面保护就是要保护具有历史积淀和艺术魅力的建筑物及构筑物，要保护老城区原有的风貌，延续历史文脉，传承城市空间肌理，继承老城区的历史精神。

全面保护需要在充分考虑和平衡各方面利益的基础上，建立一个被社会各个层面都能接受的"度"。这个尺度可以从"面"和"量"两个方面进行衡量。"面"指的是哪些方面是必须严格保护维持原状的，哪些方面是在保持老城文脉延续基础上适当改造的，哪些方面是可以进行发掘利用的。"量"指的是在可以进行适当改造的区域，改造、新建的规模应该控制在一个怎样的范围内，对现有事物的发掘利用，也应该有一定"量"的控制，避免出现以保护为名义的破坏改造。

保护老城区的目的就是保存城市的记忆，延续城市的历史，改善市民的生活环境和质量，使老城区充满生机和活力，实现城市的可持续发展。因此，老城区可以实现在不破坏原有历史风貌、环境的基础上实现复兴和繁荣。

二、目标合理性原则

老城保护更新改造各个阶段的目标要符合合理性原则。首先是目标合理，即老城保护目标的制定应符合经济社会的发展现实，还应统筹考虑老城保护与新区开发建设的关系。伴随着城市的发展，城市人口的增多，城市的扩展、扩容在所难免。为合理保护老城区，为老城区发展创造条件，必须统筹考虑新区建设。而新区从城市风格和人文内质上看都不可能脱离城市的历史特性，并与老城区有着千丝万缕的联系。这就要求在老城保护中统筹老城区与新区建设，才能满足不断发展的经济社会需求。

其次，目标合理性的原则还要保障老城区的保护与更新要符合时代性。老城区的历史痕迹、文化和社会发展都具有时间性。随着技术的进步和社会的变革，老城区的原有设施已不能适应现代人的生活需要，必须进行设施的改造，以使古老的街区获得新生，老城区能继续保持其旺盛生命力的关键就是满足时代需要。

三、活态适应性原则

活态适应性即老城保护与更新应维护老城的活力，并使之适应当前经济快速发展的特性。活态适应性是相对于静态保护来讲的。静态保护方式强调实体性的物质环境，忽略无形资源的保护，只考虑保护，无视将来的发展需求。

活态适应性首先要做到规划编制成果的非终结性。在编制保护规划时，需采取"动态的"滚动式工作方法，在实施过程中允许不断调整，切忌在匆忙中一锤定音。在保护中要避免工作作风的简单化，即提倡一种分阶段，循环式的工作方式。由于在更新整治过程中，随着社会、经济、文化的发展，又会出现新问题，同时，社会各阶层随着认识的深入又将提出新要求。这一切要求老城区的整治应当采用多阶段的、动态的工作方式，对原有工作的目标和方法进行不断调整，使保护工作日趋完善。

其次，老城的规划保护要以复兴地区活力为目标。老城的保护不能将整个老城区人为的凝固为一座供人观赏的"陈列馆"，这会导致老城区脱离不断变化发展的城市大环境，成为一个静态的孤岛，陷入被动维持而不是主动发展的状态。积极保护是要以恢复地区活力为出发点，改善老城的设施和环境，疏解不适合在老城继续发展的社会功能，培育服务业发展，带动老城区活力复兴。

第二节　明确济南老城保护的内容

基于积极保护的理念，济南老城保护要做到核心严控、外围放松、突出特色、注重传承、积极保护、永续利用，主要体现在以下几个方面：

一、空间格局及特色的保护

老城区格局是老城区物质空间构成的宏观体现，是其组成要素和风貌特色在宏观整体上的反映。老城区空间格局保护是整体空间环境保护的核心，也是保护中继承和延续的关键所在。

在泉城特色标志区内保持和延续"山、泉、湖、河、城"有机结合的独特风貌特色，即南部是恢廓苍翠的自然山体，中部名泉荟萃、湖光山色，北部是蜿蜒曲折的黄河及鹊山、华山等众多平地而起的山头，形成了济南独特的山水相依的城市地理形态和空间格局。从个性特色出发，突出自然景观和地方特色，体现"家家泉水，户户垂杨"和"泉水串流于小巷民居之间"的风貌特征。

作为济南名城不可分割的重要组成部分，济南商埠风貌区与泉城特色标志区具有同等地位，是济南城市发展两个重要历史阶段的载体，构筑了古城、商埠东西并列的城市空间布局。商埠区路网泾渭分明，步道法桐成荫，是济南独具魅力的城市区域和珍贵资源，商埠区要保护其独特的泾渭分明的小尺度路网格局，和中西合璧的特色历史风貌。

二、历史遗产周边环境的保护

对老城的保护改造并不等同于保护有价值的建筑单体，遗产的价值不仅仅是其符号性的外在表现，更主要的是其积聚的历史沉淀，这种历史沉淀通常由遗产周围的环境体现出来，这些周围的环境对于烘托老城区整个的历史气氛是十分重要的。历史遗产的周边环境指的是紧靠古建筑、古遗址和历史区域的、影响其重要性和独特性的周围环境。近年来，人们不断探索新的老城区保护方法，目的是协调新旧建筑环境、人造环境与自然环境的关系，保护和加强老城区突出的景观特征。可见，保护历史遗产周围的环境是十分重要的。

老城区内的传统历史文化遗存和其所处环境具有有机整体性，包含了建筑、环境、格局、肌理以及文化、社会活动等，保护规划中应将各元素彼此联系，要从整体上考虑它们之间的关系，从历史文脉和整体风貌的角度制定系统、有效的保护措施。针对济南老城区的特点，在明府城内就是要保护好历史文化街区以外各片区的风貌特色，维持大明湖到千佛山的观景视廊；在商埠风貌区内则要保护好小网格的道路尺度和典型街坊周边的建筑风格。

三、生活环境的改善

老城区必须要具备一定的传统思想和传统文化所遗留下来的痕迹，这些生活着的文化才是老城的精神灵魂，这就要求改善老城区内的生活环境，维持具有活力的、可持续发展的老城区。

首先，要改善旧的居住区。改善住宅的外观以及住宅的内部条件，推进环境品质提升，改善停车困难的问题。其次，要严格控制普通住宅建设。土地要优先用于满足发展商贸、旅游、服务和改善环境的需要，在符合规划的前提下，允许适度建设少量兼容传统风格、低层高品质、满足现代生活需求的新型住宅。再次，要整合老城区内的居住社区结构。改善老城区内原有的过小单元和零星的建设方式，逐步形成以社区为单位的居住结构。

四、公用设施的配套

公用设施的匮乏，是老城内存在较普遍的问题，配套完善相应公用设施，是改善老城条件，提高老城居民生活水平的一项重要内容。

首先应完善老城区内的教育设施。增加现有中小学的用地，提高现有的教学标准，并将有条件的小规模的学校合并重组、整合空间和师资资源，改善提升教育环境和教育水平。其次应提供优质方便的医疗卫生设施，优化老城区内的卫生资源配置，加强社区医疗卫生设施的建设，完善社区医疗网络。再次，要完善老城区内的市政基础设施，要改造供电、供水、通信、供气、排水、垃圾收集等设施，改善居民的日常生活条件。同时还要注重对公共空间的绿化和美化工程，增加居民的生活舒适感，打造房屋质量优良、功能完善、设施齐全、生活便利、环境优美的居住环境。

五、交通设施的完善

交通条件差，停车设施缺乏，也是老城内存在较普遍的问题。老城保护，要注重改造和整合道路交通系统，提升老城区的交通运输能力。考虑到保护格局肌理和传统街巷的问题，老城内应打造以公共交通为主体、自行车和步行为辅助的绿色交通模式。

就老城区的交通整治而言，开通地铁、发展地面公交、开辟步行系统都是有效的治理手段。将一些风貌完整、价值较高的街区辟为步行区，既可以保护历史性街区，又可造就高质量的文明生活环境。例如济南泉城路商业步行街，改造后的车行道成为单行线，为有效地限制车行速度，两侧剩余的步行空间面积增大，平面上也是时窄时宽，富有变化。在较宽的位置布置行人休息座椅和供行人观赏的序列雕塑，并以观赏乔木树冠冠盖人行空间，形成大片的绿荫，环境舒适幽雅，形成了富有浓厚文化情调、舒适安全的步行空间环境。这次改造有效改善了老城区内道路过窄，解决了老城对外的交通瓶颈问题。

交通压力过大影响着老城区的健康发展。为避免老城区中交通压力过大所造成的拥堵，老城区中应当尽量避免出现穿越式交通，交通应当是通而不畅。尽量把街区的机关、工厂向外疏散，降低人口密度，减低交通流量，减少在街区内兴建任何大的公共场所，以缓解老城的交通压力。在商埠区内，维持现有的小尺度的路网结构，采用单行线交通管制来疏导交通，主要通过增加地块内部通车巷道，提升街区交通承载力。通过增加地块内部地上、地下停车设施，改善街区环境，提升静态交通承载力。

第三节　济南老城积极保护案例

以明清济南府城为主体的泉城特色标志区和具有中西合璧特色的济南商埠风貌区是济南历史文化名城的主要组成部分，是济南深厚历史文化底蕴的载体，也是济南老城积极保护工作的主要对象。积极保护的实践工作，主要围绕泉城特色标志区和济南商埠风貌区展开，自2007 年起，在积极保护理念的指导下，先后编制完成了《泉城特色标志区规划》、《府学文庙保护规划》、《百花洲片区规划》和《济南商埠风貌区城市设计》。

一、泉城特色标志区规划

泉城特色标志区位于风貌带的核心部位，集中了湖光山色、名泉园林、文物古迹、传统民居等特色资源，是城市的品牌和标志，与千佛山、"齐烟九点"、小清河、华山湖景区等共同构筑了济南"山、泉、湖、河、城"有机结合的山水园林城市格局。为彰显泉城特色，延续历史文脉，我们在积极保护理念的指导下，组织编制了泉城特色标志区规划。

泉城特色标志区规划从整体风貌出发，继承和保护"山泉湖河城"有机结合的传统格局，系统保护府城街巷肌理和泉池园林水系，以明府城、大明湖、环城公园为主体，挖掘泉城风貌特色；从个性特色出发，突出自然景观和地方特色，体现"家家泉水，户户垂杨"和"泉水串流于小巷民居之间"的风貌特征；从持续发展出发，优化府城职能，疏解老城容量，控制建筑高度，增加开敞空间，完善基础设施，改善居住环境。是"整体保护"、"特色保护"、"有机保护"的积极保护策略在实际工作中应用的重要成果，为一系列建设项目的规划实施奠定了基础。在泉城特色标志区规划指导下实施的大明湖扩建改造工程，得到了专家学者、广大市民的一致认可。

（一）**总体构思**

泉城特色标志区规划以建设"国际知名的魅力泉城和文化名城"为目标，坚持"恢复性保护、艺术性更新、创新性改造"的规划理念，按照"统筹规划、长期控制、持续改造、逐步更新"的原则，打造特色鲜明、功能完善、环境优美的泉城特色标志区，实现"人城和谐，人水和谐，人文和谐，人居和谐"。

（二）**规划重点**

以明府城、大明湖、环城公园"一城、一湖、一环"的保护整治改造为重点（图6-1），保护"一城"——明府城的结构肌理，整治改造历史街区，疏理泉池水系；扩建"一湖"——大明湖风景名胜区，使园中湖变成城中湖，形成环湖休闲游览景观线；整治"一环"——护城河环境景观，丰富游览景点，贯通环城陆地及水上游览线。规划以保护济南古城为核心，形成以古城街巷肌理为特征的明府城泉城风貌，展示传统历史文化名城的形象特色。

图 6-1 一城—一湖—环

（三）历史文化街区

芙蓉街—曲水亭街传统历史文化街区，位于明府城的核心区，规划以历史文化建筑保护、泉池水系景观恢复、传统商业与民居改造为主。整治改造曲水亭街沿线和百花洲周边建筑，增加绿地和可供游人停留的休闲空间。

将军庙街历史文化街区，位于府城西部，规划保护题壁堂和将军庙天主教堂等历史遗存，在保留原有街巷肌理的基础上，整饰街巷院落，利用保存较好的大宅院，设置多个小型民俗文化博物馆和展览馆，发挥其文化旅游价值。

（四）泉池水系与传统街巷

泉水为济南之魂，规划进一步加强对四大泉群泉水出露点、地下水脉、地表溪渠的保护和梳理，像保护文物一样保护好泉水出露点的泉眼、泉池；划定泉脉保护区范围，禁止可能对泉脉造成破坏的深基础工程；对地表溪渠进行岸线恢复与渠底清淤，恢复"清泉石上流"的自然景观。

明府城内尚存的历史传统街巷 56 条，是民俗文化传承的载体。规划力求保护原有的街巷格局，保持其自然性、原真性、整体性。

（五）建筑高度控制

严格控制芙蓉街—曲水亭街、将军庙街重点保护区的建筑高度，建筑限高 12 米，趵突泉北路以东、泉城路以北、黑虎泉北路以西、明湖路以南的区域自北向南建筑限高控制在 12~35 米，泉城路以南、黑虎泉西路以北的区域建筑限高 45~60 米。

严格控制大明湖周边的建筑高度，以大明湖为中心，建筑高度由内向外平缓增高。控制大明湖至千佛山景观视廊内的建筑高度，保持大明湖和千佛山之间的景观通视和"佛山倒影"独特景观。保护环城公园开敞空间，严格控制周边建筑高度，保持平缓的天际轮廓线，注重在护城河水上游览观赏的效果。控制解放阁周围的建筑高度和屋顶立面形式，保证解放阁周围开敞的空间和良好的景观。

（六）建筑色彩

明府城传统建筑色彩以灰砖、青石、灰瓦"灰白色"为基调，在不同的细部运用暗红色、黑色等其他颜色点缀（图6-2）。

规划遵循整体和谐、突出地方特色的原则，确定明府城"青砖黛瓦"的色彩定位：规划建筑以灰、淡黄、青灰、白为主色调，色彩的搭配采取互补色对比，淡雅素净。

图6-2 古城传统建筑

二、府学文庙规划

济南府学文庙创建于宋熙宁年间（1068～1077年），元末倾塌，明洪武二年（1369年）重建，明朝末年，建筑布局已臻完善，其形制、规模如曲阜孔庙，清代对文庙的修葺不断，但基本保持了明朝文庙的规模和布局。整个府学文庙的建筑群规模宏大，颇为壮观。是一组相当完整的与济南府城等级相当的官办学府的建筑群落，是济南历史文化很好的验证。

复学文庙保护规划是"重点保护"、"原真保护"的规划策略在济南老城保护改造中的重要应用案例，规划实行原址保护，保护现存文物原状与历史信息，对遗址内已破坏无存的建筑根据文献记载适当的恢复，以便形成完整的文庙群落等措施（图6-3）。

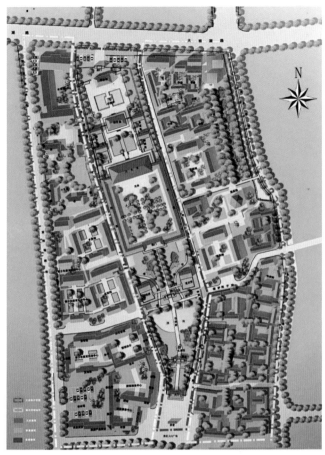

图 6-3　保护范围图

　　规划划定西至府学西院街，东至痒门里，北至明湖路，南至马市街和西花墙子街北路口为保护范围，用地面积为 1.2 公顷。保护范围内原则上不得进行其他建设工程，如有特殊情况，须按法规程序报批。划定西至贡院墙根街，东至曲水亭街，北至明湖路，南至马市街和西花墙子街北路口为建设控制地带。建设控制地带内的现状建筑物中对总体景观造成不良影响的应予以拆除或改建；新建建筑物的外观不得对景区总体景观造成不良的影响。

　　（一）功能分区

　　参照历史资料，依据历史遗存状况和功能划分，确定为府学文庙保护修复区、府学文庙东西两侧附属功能区、配套服务区和环境协调区（图 6-4）。

　　1. 府学文庙保护、修复区

　　从南至北包括影壁、大门、棂星门、泮池、屏门、戟门、杏坛、大成殿、明伦堂、尊经阁以及东西殿庑、四斋院、六进院落。

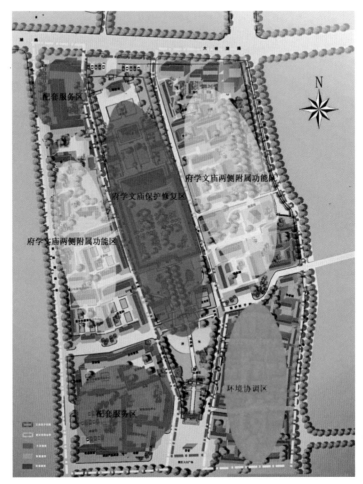

图6-4 功能分区图

2. 府学文庙东西两侧附属功能区

文庙以东辘轳把子街以北恢复文献记载之文昌祠、启圣祠、魁星楼及学署。

文庙以西府学西院街、毓秀坊以北恢复文献记载之乡贤祠、名宦祠及会馔堂，建六艺苑和青少年活动教育中心。

3. 配套服务区

西花墙子街以西建旅游服务中心、景区管理办公用房和停车场。

4. 环境协调区

东花墙子街以东为民居保护与整治区。

（二）建筑规划

对现存建筑大门、大成殿等按原貌加以修复，并按明代制式及文献记载增补、重建文庙建筑群内的主要建筑物。建筑风格延续大成殿的明代风格，使学府文庙中轴线内成为一组完整的文庙建筑群，其中包括大门、棂星门、屏门、戟门、大成殿、明伦堂、尊经阁及两侧厢房建筑四斋院、碑亭等。

根据历史文献记载结合现状对文庙周边地区加以整治、改善文庙的周围环境，恢复重建各个祠、署、魁星楼等，恢复文庙建筑群落的完整格局，烘托出文庙建筑群落的宏大气势。

（三）建筑风格

文庙始建于宋，但遗存建筑大门、大成殿均为明初建筑，故恢复、重建之建筑物均以明代建筑风格为主，中轴线建筑以歇山顶、庑殿顶为主，开间、进深、檐下斗拱出踩均要考虑与大成殿相匹配，两侧厢房以悬山顶为主。总的原则是：主轴线上的大成殿等级最高，其他次之，屋顶使用琉璃瓦。从而使整个建筑组群有主有次，层次分明。

庙东、西各祠考虑与文庙中轴线建筑相匹配，建筑等级要低于文庙主体建筑。其大门及正房以悬山为主，设檐廊，檐下设斗口跳斗拱，厢房设檐廊，不设斗拱，硬山顶，可采用黑瓦。屋顶举架，出檐大小仍按明初风格。学署为教官及学生住宅，建筑等级在祠以下，开间进深接近民居，硬山，不设斗拱，可采用黑瓦。

（四）建筑高度

建筑以一层为主，并以府学文庙建筑为主，周边建筑起烘托作用，沿大明湖路部分因考虑到整个街景可设高一层建筑，其他可局部设二层，控制建筑高度以满足大明湖至千佛山的风景视廊的通视要求，满足大明湖周边景观带的要求，建筑风格及空间尺度要符合古城区风貌环境要求。

三、百花洲片区规划

百花洲片区是芙蓉街—百花洲传统街区的一部分，具体范围东至泉乐坊、岱宗街，西至庠门里街，南至万寿宫街、后宰门街，北至明湖路。规划总用地面积5.6公顷。百花洲街区具有丰富的文化遗产资源，区内传统街巷保留较好、泉水资源丰富，"清泉石上流"的意境鲜明，历史文化价值极高，是济南古城最精华最核心的组成部分之一。

百花洲片区既是明府城改造的试点工程，也是示范工程，对今后明府城的保护与更新具有重要的导向作用。根据国家的相关土地政策，项目原定以"招拍挂"方式出让土地使用权实施改造。考虑到项目的重要性，济南市政府将已经进入"招拍挂"程序的土地收回，坚持按政府投资、统一规划建设的模式实施改造。使片区改造摆脱了经济效益的干扰，为后来的方案编制创造了优越的环境。

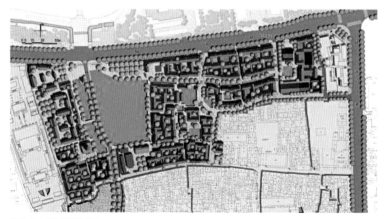

图 6-5　规划总平面图

规划在对片区泉池水系进行系统梳理的基础上，充分利用泉水资源，打造了泉眼、泉池、溪渠、洲湖等丰富多样的泉水空间，并采取有机更新的模式逐步实施，是"特色保护"与"有机保护"的规划策略在实践中的重要应用。

规划按照历史文化街区的要求进行保护，以继承明府城整体格局、展示传统文化、协调历史风貌为原则，将片区定位为文化休闲旅游区，着力突出老济南"泉水串流街巷民居"的韵味，体现"家家泉水、户户垂杨"的特色，集中展示古城物质与非物质文化的传统街区，打造集展览、餐饮、游赏于一体的复合型休闲文化场所。百花洲片区规划的保护主要分为保持传统格局、提升泉池水系、延续特色风貌、合理布局功能、优化交通与市政设施五个方面（图6-5）。

（一）保持传统格局

参考原地段的街巷肌理，保留曲水亭街、后宰门街、岱宗街等7条主要巷道；保护整治后宰门街天主教堂、万寿宫、辘轳把子街1号等10处传统建筑；保留百花洲、厚德泉、术虎泉、岱宗泉、北芙蓉泉等6处泉池水体，并结合设计提升周边环境品质。

在街区的更新中，保留原建筑并与新建建筑通过院落有机结合成新的功能体，并将保留下来的济南传统的建筑构件或材料与新建筑结合使用（图6-6）。

（二）提升泉池水系

发掘泉水资源，丰富水体形态。建立沟通珍珠泉、珍池及地块内各处水体的明渠系统，将水景观营造与提高雨水蓄积能力有机结合，改善百花洲片区地势较低、仅靠地下管道排水雨季易涝的问题。在街区内部适当扩大水体面积，在地段中部形成以明渠与百花洲相连的开放水面，并以此为中心形成泉眼、泉池、溪渠、洲湖结合的、连续的景观水网系统。

依据现状地形高程，整个片区共分三路水系：东侧由新坊巷现状已形成的泉为水源引水，联系北芙蓉泉、王八池子、术虎泉，形成水街、开放水面、院内泉等水体形式向西汇入百花洲；南侧联系岱宗泉、厚德泉，泉溪穿街走巷汇入百花洲；西南侧由泮池引水汇入百花洲（图6-7）。

图6-6 建筑规划平面图

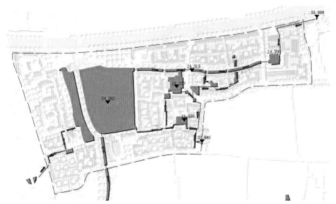

图6-7 水系规划图

（三）延续特色风貌

百花洲周边强调自大明湖南门牌坊南望视域的控制（图6-8）。方案中在曲水亭街西侧复原魁星楼、曲水亭，突出基督教堂、魁星楼对地域的统领，大明湖南门牌坊与曲水亭街、魁星楼形成观景轴线；同时控制围湖建筑界面风貌为连续的、展现传统的白墙黑瓦、以实墙面为主的低矮民居风貌；自大明湖南门南望，远处的基督教堂、魁星楼成为视域的最高控制点，沿百花洲形

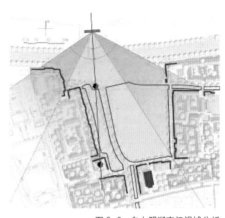

图6-8 自大明湖南门视域分析

图 6-9 百花洲沿岸建筑效果图

图 6-10 水街规划效果图

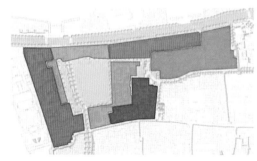

图 6-11 功能分区规划图

成三面连续的、传统特色风貌的滨湖城市界面图（图 6-9）。

方案注重延续具有泉城传统特色的整体风貌。一是建筑采用济南传统风貌的合院式坡顶形式，局部院落可加平屋顶成为室内空间；二是建筑外立面材料为传统的黑瓦与灰砖或粉墙相结合；三是严格控制建筑高度，建筑多为 1~2 层，沿百花洲、水巷等公共空间的建筑为 1 层；四是保持街巷建筑界面的连续性；五是沿水体种植以柳树为主的传统景观树种（图 6-10）。

（四）合理布局功能

挖掘并选择性恢复历史文化空间，丰富街区活力与文化内涵。结合使用需求划分为文庙东文化展示区、环百花洲文化休闲区、后宰门民巷民俗文化体验区、万寿宫街传统文化商业游览区、明湖路南商业休闲区五个功能区（图 6-11）。

结合原有曲水亭街北端开放空间，以水上盖板的方式将入口处适当扩大，上植树阵，同时在曲水亭东半部分的入口处设计风格简洁的石牌坊，加强街区入口的标志性（图 6-12）。

（五）完善交通与市政设施

在交通设计中，街区外围解决机动车交通，内部形成以步行为主的交通系统，同时考虑服务性交通的需要，规划后宰门街、岱宗街、万寿宫街、西胡同等为限时交通。在地段东侧

图 6-12 百花洲头主题入口广场效果图

临明湖路布置地下一层停车库，约可停 120 辆机动车。规划中还充分考虑了消防的需要，尽可能满足消防通道的要求。

四、济南商埠风貌区"三经四纬、一园六坊"

济南商埠风貌区是济南的宝贵财富，它开创了中国近代史上自主开埠的先河。济南商埠区设立于 1904 年 5 月 15 日，其宏大的规模和沿铁路枢纽开埠的模式，在中国近代史上首屈一指，影响深远。商埠区路网泾渭分明，步道法桐成荫，中式建筑、西式建筑和中西合璧的建筑林立、有机融合，构成了独具魅力的城市区域和珍贵资源。济南商埠风貌区与泉城特色标志区是济南历史文化名城的重要组成部分（图 6-13）。

济南商埠风貌区规划是积极保护"统筹保护、整体保护、原真保护、重点保护、特色保

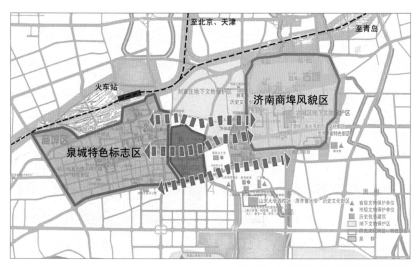

图 6-13 泉城特色标志区和济南商埠风貌区

图 6-14　济南商埠风貌区城市设计鸟瞰图

护、有机保护"策略的一次全面应用。规划按照"核心严控、外围放松、突出特色、注重传承、积极保护、永续利用"的思想和"该守的守住、该放的放开"的原则进行改造与更新；确定了商埠风貌区"城市形象名片、开放精神领地、多元活力街区"的定位，统筹商埠区的保护与改造的范围和比例；规划整体保护商埠区原有的经纬交错的小网格的城市空间格局和中西合璧的建筑特色；研究提出了"保持格局，保护重点，分区互动"的总体规划策略，重点保护"三经四纬、一园六坊"和各类文物保护建筑和历史风貌特色建筑；采取小地块、渐进式的分期实施更新方式，再现商埠区的繁荣与复兴（图 6-14）。

（一）规划格局

根据新一轮城市总体规划"完整保护商埠区经纬格局"的要求，本次规划严格保护泾渭分明的路网格局，延续原有道路尺度。在规划范围内，主要通过增加地块内部通车巷道，提升街区动态交通承载力。通过增加地块内部地上、地下停车设施，改善街区环境，提升静态交通承载力。

沿街法桐绿化和中山公园开放空间是商埠区整体格局的另一大特色。规划按照"整体开放、新旧结合、明晰主题、完善设施"的思路，改造提升中山公园，整治教堂地块环境，形成文化、休闲、景观核心，并向东西两侧延伸至先期启动地块和济南饭店，统领整个商埠区的保护与复兴。规划严格保护沿街行道树，开放中山公园，在街坊内部增设块状绿地和开放空间，形成点、线、面相结合的绿色开放空间体系。

（二）总体规划策略

1. 保持格局

济南市新一轮城市总体规划提出"完整保护商埠风貌区的经纬格局和街区风貌"。本次规划除保留已拓宽的纬二路、纬六路，拟拓宽城市干道经四路外，对其余经纬道路均不拓宽，延续小网格街区格局（图6-15），提升交通承载力。在规划范围内，主要通过增加地块内部通车巷道，提升街区交通承载力。通过增加地块内部地上、地下停车设施，改善街区环境，提升静态交通承载力（图6-16、图6-17）。

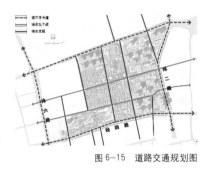

图6-15　道路交通规划图

（a）改造前　　　　　　　　　（b）改造后　　　　　　　图6-17　内部服务性巷道及
图6-16　大量路边停车影响交通　　　　　　　　　　地上、地下交通规划图

2. 保护重点

（1）重点保护"三经四纬、一园六坊"

"三经四纬"即经二路、经三路、经四路和纬三路、纬四路、纬五路以及小纬六路。风貌保存较为完整，是商埠区整体格局的精华。宜人的街道尺度，沿街分布的众多文物、历史建筑、风貌建筑，法桐成行的绿化环境，极富号召力的传统老字号，集中体现了商埠区的空间和文化（图6-18）。

"一园六坊"中"一园"即中山公园，是中国早期现代城市公园的重要实例，商埠区的"中央公园"；"六坊"即商埠区小网格街坊的代表，尚存的传统肌理和丰富多彩的历史建筑，反映了商埠昔日的繁华（图6-19）。

"三经四纬、一园六坊"互为表里、相辅相成，必须严格予以保护和控制，通过引入多样混合功能，促进商埠区的复兴与繁荣。

（2）构筑"一核统领、十字贯穿、多区互动"的功能布局

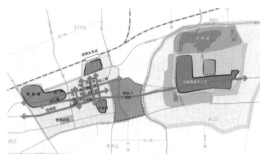

图 6-18 三经四纬

图 6-19 一园六坊

"一核统领"——"中山公园"为核心统领周边景观。按照"整体开放、新旧结合、明晰主题、完善设施"的思路，改造提升中山公园，整治教堂地块环境，形成文化、休闲、景观核心，并向东西两侧延伸至先期启动地块和济南饭店，统领整个商埠区的保护与复兴（图6-20、图6-21）。

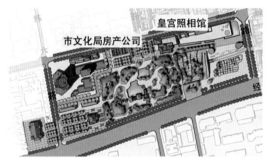

图 6-20 中山公园规划平面图

图 6-21 中山公园规划效果图

"十字贯穿"——塑造经二路"特色传统商业文化轴"和纬三路"休闲文化体验轴"两条十字轴线（图 6-22）。

图 6-22 十字贯穿

"多区互动"——根据"六坊"现状条件，分别植入多元特色功能，复兴商埠核心区。这其中包括：经二纬二路节点，经二纬三路地块，万紫巷地块，纬三路西侧、经三路南北两侧地块及中山公园北侧地块。

①经二纬二路节点

严格保护省邮务管理局、德国领事馆旧址等文物和历史建筑，提高内部设施水平，新建百年商埠文化中心广场，打造百年商埠入口（图6-23~图6-25）。

②经二纬三路地块

保护北洋大戏院等文物建筑，整治传统四合院肌理片区，形成以曲艺文化、创意产业和休闲茶艺、酒吧为一体的"曲山艺海"文化体验区（图6-26、图6-27）。

图 6-23　经二纬二路节点规划平面

图 6-24　山东邮务管理局

图 6-25　德国领事馆旧址

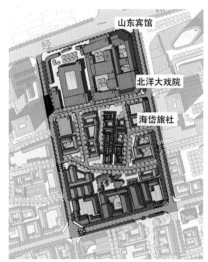

图6-26 经二纬三路地块规划平面　　　　图6-27 北洋戏院、山东宾馆

③万紫巷地块

传承万紫巷济南老市场区记忆，保留、更新万紫巷商场及周边区域，打造为鲁菜文化体验区（图6-28、图6-29）。

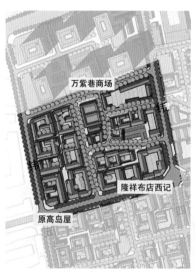

图6-28 万紫巷地块规划平面　　　　图6-29 隆祥布店西记、原高岛屋

④纬三路西侧、经三路南北两侧地块及中山公园北侧地块

保留五处区级文物保护单位和四处风貌建筑，形成特色商业内街，联系经二路和中山公园，塑造特色商业休闲区（图6-30）。

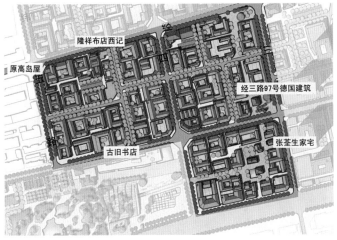

图 6-30　纬三路西侧、经三路南北两侧地块及中山公园北侧地块规划平面

3. 全面加强对"三经四纬、一园六坊"的风貌控制

（1）延续小网格街区的传统城市肌理（图 6-31）

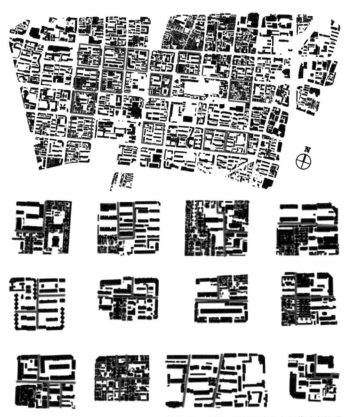

图 6-31　保留、延续原有的小网格城市肌理

（2）保持历史形成的沿街建筑连续界面（图6-32）

沿街建筑高度控制在3层及以下，檐口高度在12m以下（图6-33）；少数建筑高度在4

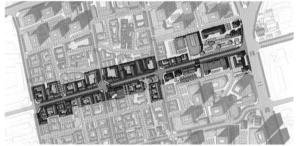

图6-32　规划连续的沿街界面

图6-33　传统风貌历史建筑高度控制示意

层以下，檐口高度在 16m 以下。

（3）采用商埠区历史形成的传统手法处理街角空间（图 6-34）

（4）深入挖掘商埠建筑特色，在更新改造中传承、弘扬（图 6-35）

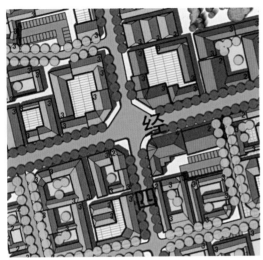

图 6-34　街角空间处理示意

图 6-35　特色建筑示意

同时，上述的策略将以城市设计导则的方式落实到相应的规划管理中（图 6-36）。

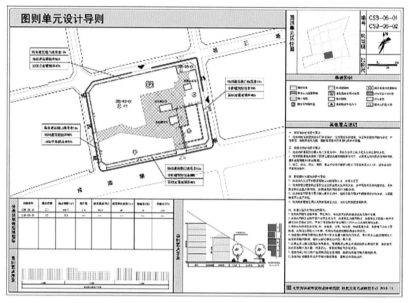

图 6-36　城市设计导则

4. 分区互动

规划坚持"核心严控、外围放松"的指导思想和"该守的守住、该放的放开"的原则，实行保护与开发分区互动（图 6-37）。

图 6-37　分区互动

对"三经四纬、一园六坊"内构成商埠区风貌主体的各级文物、历史建筑和风貌建筑进行严格的保护和控制。对文物坚持按不改变原状的原则进行保护；对历史建筑，原则上进行原址保护，修缮外观，对内部可进行改造，以适应新使用功能的需要，对个别实在难于原址保护的实行迁建保护；对风貌建筑，保持其风貌特色，提高建筑质量和设施水平（图6-38）。

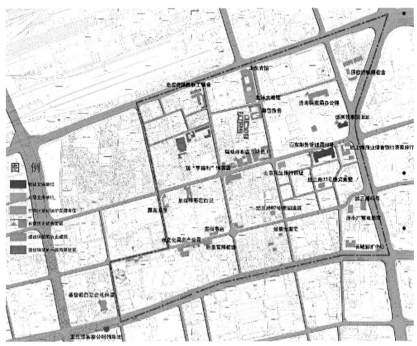

图6-38　各类建筑分布图

对"三经四纬、一园六坊"以外非文物、历史建筑用地，可集中开发商务办公、商业等功能，充分发挥土地的区位价值。在交通、风貌上处理好与"三经四纬、一园六坊"构成的重点保护片区的关系，形成良性互动（图6-39）。

图6-39　开发片区示意

对整体高度控制采用圈层式高度控制方法，遵循"宽严相济"原则，在严控保护片区高度的前提下，对开发地块适当放开，形成收放有致的商埠区天际线（图 6-40）。

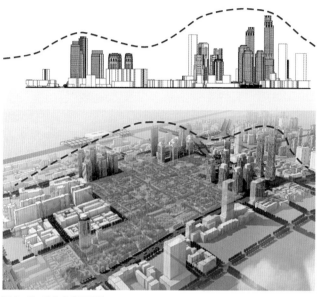

图 6-40　建筑高度天际线

结　语

我国大部分城市尤其是国家级、省级历史文化名城都具有悠久的历史、灿烂的文化和独特的传统风貌，所有这些都在城市传统的历史街区中得以体现，然而近二十年来，随着我国城市化进程的加快，大量富有特色的历史街区在新一轮的城市建设和改造中遭到破坏、甚至清除，保留完整、具有较高历史和文化价值的历史街区越来越少，此种局面使规划建筑界广大有识之士痛心疾首，社会和媒体对此也非常关注，要求及时保护的呼声逐步高涨。

济南是国家级历史文化名城，著名的泉城，有众多特色鲜明的历史街区及优秀的历史建筑，它们都是济南宝贵的文化遗产。从济南近二十年来在老城保护方面的工作看，深知保护工作的困难以及随时要面对各种各样的阻力和矛盾。

老城区的积极保护是一种理念。尽管在本文中总结了一些方法，但作者从不认为积极保护仅仅局限于这些方法，而是应该针对具体情况灵活处理，但一定要遵循老城区积极保护的原则，即实现其目标的价值取向。

对老城区的积极保护是一个系统性的工程，在其中涉及规划、文物、法律、经济等各个专业，也受到种种因素的影响，如开发政策，人为因素等。政府的相关部门应该在老城区的积极保护中起到主导作用，协调保护工作的进行，从而将积极保护的理念贯彻到老城区的具体保护实践之中。

通过本书的论证，我们可以看到：老城区的发展具有其独特的特性，积极保护是老城区保护发展的方向，而依据可持续发展的原则，把其纳入正常的发展轨道将是我们永恒的原则。

参考文献

[1] 张桂泉.平遥古城.广州：广东旅游出版社，2003.

[2] 张松.历史城市保护学导论——文化遗产和历史环境保护的一种整体性方法.上海：上海科学技术出版社，2001.

[3] Christopher Alexander. Growing Wholeness.1987.

[4] 吴良镛.从"有机更新"走向"有机秩序"[J].建筑学报，1991（2）：7-13.

[5] 阮仪三.中国历史古城保护与利用之我见[J].艺术评论，2007（11）.

[6] 尹墨怀.宽巷子的那些记忆与印象[J].中华遗产，2007（11）.

[7] 刘祥生，安旭东.旧城改造与可持续发展战略[J].长江建设,2000（2）.

[8] 桂林，蔚芝炳.脱离对立，走向和谐[J].安徽建筑工业学院学报,2009（17）.

[9] 郑路，吕凯.历史文化名城保护与复兴析论[J].中国名城，2010（5）.

后　记

　　"今天的城市是从昨天走来的，明天的城市是我们的未来。"城市规划工作者担负着传承历史、引领未来的职责与使命，面对老城保护与更新领域的两种思潮，必须在理念上有所创新，在实践中有所作为，突破进退维谷的两难境地。基于这样的认识，王新文博士在济南规划实践中不断探索，逐步形成了"积极保护"的理念体系。经过数年思考、整理，完成了本书框架。

　　本书的观点源于济南规划实践，在编著过程中得到了济南规划系统诸多同事们及国内外规划同行给予的大力支持。牛长春同志在拟定书稿框架和写作过程中提出了大量有价值的意见建议；国芳同志为第一章、第三章积累了丰富的素材；张中堃、王洪梅同志承担了基本素材梳理、图片整理及文字校对工作；山东建筑大学建筑城规学院的赵继龙、孔亚暐、赵斌老师为理论研究和综述部分的撰写作出了积极贡献。本书选用的图片部分来自于十年间济南规划实践的成果，其余来自北京清华同衡规划设计研究院有限公司和济南市规划设计研究院提供的古城区和商埠区的规划研究成果。在出版过程中国建筑工业出版社的编辑们为本书成稿付出了辛勤的劳动。据此，在此一并致谢！

　　由于水平有限，书中可能存在诸多不足之处，衷心希望各位同行和广大读者批评斧正！

丛书编委会